Yasemin Aslan Topçuoğlu
Aydın Büyüksaraç
Nazan Yalçın Erik

# Çankırı-Çorum Havzası Hidrokarbon Potansiyelinin Araştırılması

Yasemin Aslan Topçuoğlu
Aydın Büyüksaraç
Nazan Yalçın Erik

# Çankırı-Çorum Havzası Hidrokarbon Potansiyelinin Araştırılması

Türkiye Alim Kitapları

**Impressum / Künye**
Bibliografische Information der Deutschen Nationalbibliothek: Die Deutsche Nationalbibliothek verzeichnet diese Publikation in der Deutschen Nationalbibliografie; detaillierte bibliografische Daten sind im Internet über http://dnb.d-nb.de abrufbar.
Alle in diesem Buch genannten Marken und Produktnamen unterliegen warenzeichen-, marken- oder patentrechtlichem Schutz bzw. sind Warenzeichen oder eingetragene Warenzeichen der jeweiligen Inhaber. Die Wiedergabe von Marken, Produktnamen, Gebrauchsnamen, Handelsnamen, Warenbezeichnungen u.s.w. in diesem Werk berechtigt auch ohne besondere Kennzeichnung nicht zu der Annahme, dass solche Namen im Sinne der Warenzeichen- und Markenschutzgesetzgebung als frei zu betrachten wären und daher von jedermann benutzt werden dürften.

Deutsche Nationalbibliothek tarafından yayınlanan bibliyografik bilgiler: Deutsche Nationalbibliothek, bu yayını Deutsche Nationalbibliografie'de listeler; detaylı bibliyografik bilgi İnternet'te http://dnb.d-nb.de sitesinde mevcuttur.
Bu kitapta bahsedilen herhangi bir marka ve ürün adı, tescilli marka, marka veya patent korumasına tabidir ve ilgili sahiplerin ticari veya tescilli markalarıdır. Marka, ürün, ortak ve ticari adların, ürün açıklamalarının v.s. işbu eserde özel işaretleme olmadan bile kullanılması, hiçbir surette, bu çeşit adların tescilli marka ve marka korunması kanunu açısından kısıtlanmamış ve böylece herkes tarafından kullanılabilir olduğu şeklinde yorumlanamaz.

Coverbild / Kitap kapağı resmi: www.ingimage.com

Verlag / Yayıncı:
Türkiye Alim Kitapları
ist ein Imprint der / yayınevinin bir ticari markasıdır
OmniScriptum GmbH & Co. KG
Bahnhofstraße 28, 66111 Saarbrücken, Deutschland / Almanya
Email / E-posta: info@omniscriptum.com

Herstellung: siehe letzte Seite /
Basım yeri: son sayfaya bakın
**ISBN: 978-3-639-81368-5**

# Özet

Bu çalışma, Çankırı-Çorum Havzası'nda jeoloji ve jeofizik verilerinin birlikte yorumlanması ile gerçekleştirilmiştir. Jeofizik çalışmalar çerçevesinde, sismik kesitleri kullanarak tektonik hatlar ve tabaka sınırları çizilmiştir. Gravite ve manyetik anomaliler kullanılarak 2.5-B modeller oluşturulmuştur. Ayrıca incelenen alanda organik jeokimya çalışmaları kapsamında yüzeyleyen sedimanter kayaçlardan derlenen yüzey örnekleri ile kaynak kaya potansiyeli ve Yeşilçat sızıntısı ile ilgisi araştırılmıştır. Bu kapsamda toplam 72 adet örnek alınmış, bu örneklerin organik jeokimyasal analizleri, organik petrografik analizleri ayrıntılı olarak gerçekleştirilmiştir. Bölgede yapılan jeofizik çalışmalar, jeolojik gözlem ve bulgularda olduğu gibi ortamın karmaşık olduğunu ortaya koymuştur. Sismik kesitlerden elde edilen hız değerleri düşey ve yatay yönde ani değişimler göstermektedir. Sismik kesit CC-L1 Topuzsaray-1 kuyusu ile ilişkilendirilmesi sonucu tüf ve volkanik serilerin ters faylanmadan kaynaklanmış olabileceği ortaya çıkmıştır. CC-L2 ve CC-L3 sismik kesitlerinde derinlerde gravite modelleri ile birebir uyum gözlenmektedir. Diğer yandan, sığ bölgelerde gözlenen uyumsuzluk ani sismik hız değişimlerine bağlanmıştır. Gravite anomalilerinin sismik kesitlerle ilişkilendirilerek modellenmeleri sonucu derinlikleri 5 km'ye yaklaşan sedimanter havzaların varlığı ortaya çıkmıştır. Manyetik anomaliler ortada sakin özellik gösterirken kuzeybatıda şiddetli anomaliler yer almaktadır. Bu anomalilerin 2.5-B modellenmesi sonucu yeraltında en kuzeyde ters yönde mıknatıslanmış bir kütlenin varlığı ortaya çıkarılmıştır. Ters mıknatıslanmalı böyle bir kütlenin varlığı okyanus tabanı ürünü olduğunu işaret etmektedir. İzmir-Ankara-Erzincan kenet zonunun buradan geçmesi ve yüzey jeolojisinde ofiyolitik birimin gözlenmesi bu bulguyu güçlendirmektedir. Bölgenin güneyinde ve kuzeydoğusunda yer alan birçok anomalinin polariteleri kalıntı mıknatıslanmanın varlığını işaret etmektedir. Polaritelerin yönleri yaklaşık olarak kuzeybatı yönünde olup, bölgenin saatin tersi yönünde döndüğünü işaret etmektedir.

Yoncalı Formasyonu örneklerinde, karbonatlı düzeylerin organik madde içeriği zengindir (TOC>%0.5) ve kaynak kaya olarak düşünülebilir. Karabalçık ve Kocaçay Formasyonları için TOC ve Hidrojen İndeksi değerleri kaynak kaya gelişimi için düşüktür.

HI-OI, HI-$T_{max}$ ve S2-TOC diagramlarına göre örneklerin Tip II-III (karasal ve denizel) ve Tip III (karasal, kalıntı organik madde) kerojenden oluşmuştur. İncelenen örnekler $T_{max}$, PI, vitrinit yansıması verilerine göre olgunlaşmamış-erken olgun aralığındadır.

**Anahtar kelimeler:** Hidrokarbon, Çankırı-Çorum Havzası, sismik yansıma, gravite, manyetik, organik jeokimya, kuyu logu

## Abstract

This thesis study was realised with together interpretation of geological and geophysical data in Çankırı-Çorum Basin. In the frame of geophysical study, borders of layers and tectonic lines were drawn by seismic sections in the control of wells, 2.5 D models were formed by using gravity and magnetic anomalies. Surface samples were collected from sedimenter rocks to explore source rock potential and connection with Yeşilçat leakage in the basin in the frame of organic geochemistry studies. In this scope, totally 72 samples were picked up and they were analysed organic geochemically and petrografic. Geophysical studies in the region presented a complex basin structure such as geological observations and findings. Seismic velocities showed unexpected variations in horizontal and vertical directions.

Seismic section CC-L1 was correlated with Topuzsaray-1 well and found formation of tuffs and volcanic units could be caused by reverse fault. In seismic sections, CC-L2 and CC-L3, were observed a harmony with gravity models in deeper sections. On the other hand, there are disharmonies in the shallow section with gravity models due to unexpected velocity changes. Depth of basin was revealed as approximately 5 km as resulted with gravity modeling correlated with seismic sections. Magnetic anomalies present intensity values in the NW direction of study area, whereas they present very low intensity in the middle of study area. A reverse magnetised body in the North of the study area was found by 2.5 D modeling of magnetic anomalies. That kind of body with reversed magnetised indicate it should be producted from ocean bottom.

This idea is powered by passing İzmir-Ankara-Erzincan suture zone from this site and ophiolitic units on the surface. Polarities of magnetic anomalies in South and Northeast direction show remanent magnetisation.

Polarities of many anomalies in the South and Northeast of the region are showed remanent magnetisation. Polarities are in the Northwest direction and they shows the region are rotating in the anticlockwise direction.

Organic carbon content (TOC>%0.5) is rich in the layers with carbonate in the samples of Yoncalı Formation and it can be considered as source rock. However, values of TOC and Hydrogene index for Karabalçık and Kocaçay Formations are low for source rock development.

The kerogene type is Type II-III (continental and marine) and Type III (continental remanent organic substance) acording to HI-OI, HI-$T_{max}$ and S2-TOC diagrams. Analysed samples are in the range unmatured-early matured according to $T_{max}$, PI, vitrinite reflection data.

**Key words:** Hydrocarbon, Çankırı-Çorum Basin, seismic reflection, gravity, magnetic, organik geochemistry, well logging

**Teşekkür**

Cumhuriyet Üniversitesi Fen Bilimleri Enstitüsü yüksek lisans tezi kapsamında hazırlanan bu çalışmada

Arazi çalışmaları sırasında yardımlarından ve katkılarından dolayı Dursun ERİK'e (TCK 16. Bölge) ve Kayhan PAMUK'a (TCK 16. Bölge)

Çalışmam boyunca bilgi ve deneyimleri ile yol gösteren ayrıca her türlü destek ve katkıyı sağlayan Prof. Dr. Abdullah ATEŞ'e (Ankara Üniversitesi), Doç. Dr. Attila AYDEMİR'e (TPAO), Doç. Dr. Özcan BEKTAŞ'a (Cumhuriyet Üniversitesi) ve ayrıca yardımlarından dolayı Yüksek Lisans öğrencisi Öğr. Gör. Sinan KOŞAROĞLU'na çok teşekkür ederim.

Organik jeokimya analizlerinin yapılması sırasında özveriyle işlerini yaparak, çalışmanın başarıyla sonuçlanmasını sağlayan TPAO Araştırma Merkezi çalışanlarına çok teşekkür ederim.

Şekiller Dizini

Sayfa No

Çizelgeler Dizini

# 1. Giriş

Ülkemiz ve Dünya'da artan nüfus yoğunluğu, enerjiye bağlı teknolojik gelişim sürecinin son yıllarda hız kazanması, buna karşın yaygın olarak kullanılan fosil enerji kaynaklarının rezervlerinin hızla tükeniyor olması, ülkeler ve araştırmacıları yeni arayışlara sürüklemektedir. Bu arayışların bir kısmı yeni enerji kaynaklarının etkin olarak kullanımı üzerine yoğunlaşıyor iken bir kısmıda geleneksel enerji kaynağı olarak dünyada yaygın olarak kullanılan petrol, kömür ve doğal gaz gibi kaynakları yeni alanlarda bulma şeklinde olmuştur. Ülkemizde tükenebilir enerji kaynaklarının rezervinin kısıtlı ve ülke ihtiyacını karşılayamıyor olması, bu sıkıntının daha önemli bir biçimde hissedilmesine neden olmaktadır. Bu nedenle gelecekte yaşanacak enerji darboğazını aşmak üzere günümüzde yerel özellikte olan ancak gelecekte ekonomik olarak kullanılabilecek özellikteki petrol ve kömür gibi kaynakların araştırılması büyük önem taşımaktadır. Bu tez çalışması ile bahsedilen kapsamda, Türkiye'nin önemli sedimanter havzalarından biri olan Çankırı-Çorum Havzası'nda hidrokarbon varlığı ile ilgili bir değerlendirme yapılması amaçlanmıştır.

Çankırı-Çorum Havzası, İç Anadolu'nun en önemli Tersiyer havzalarından biri olup, Sakarya ve Kırşehir Kıtaları ile Ankara-Erzincan Kenet Kuşağı'nın oluşturduğu karmaşık bir bölgede yer almaktadır. Kuzey ve batıdan ofiyolitik melanj ile güneyden de Kırşehir Masifi ile çevrelenmiştir. Güneybatıda ise Haymana ve Tuz Gölü Havzaları ile dar bir bağlantısı olduğu gözlenmektedir. Neotetis Okyanusu'nun kuzey kolu (İzmir-Ankara-Erzincan Okyanusu) Erken Kretase'de kuzey yönlü yitimle Sakarya kıtası altında tüketilmeye başlamış ve Sakarya Kıtası ile Kırşehir Kıtası, Üst Kretase'de Tokat ve Galatya Masifleri ile kapatılmıştır. Üst

Kretase-Üst Eosen'de kuzey kanadı kapanan Neotetis; karmaşık bir tektonik model meydana getirmiştir (Şengör ve Yılmaz, 1981). Çankırı-Çorum Havzası, Üst Paleosen'den Oligosen'e kadar süren çarpışma ve sıkışma rejimlerinin etkisinde gelişmiştir (Tüysüz ve Dellaloğlu, 1992; Erdoğan vd., 1996).

Çankırı-Çorum havzasındaki birimlerin yaş aralığı Üst Paleosen-Pleistosen olup birbirinden iki açısal uyumsuzlukla ayrılan üç temel sedimantasyon birimi bulunmaktadır. Bunlar; Üst Paleosen-Üst Eosen yaşlı denizel çökeller, Erken-Geç Miyosen yaşlı gölsel ve Geç Miyosen-Pleistosen yaşlı akarsu çökelleri olarak tanımlanmıştır (Birgili vd., 1975).

## 1.1. Amaç ve Kapsam

Bu tez çalışması ile inceleme alanında bulunan sedimanter birimlerden sistematik olarak alınan ve kaynak kaya potansiyeli olabilecek farklı litolojilerdeki örneklerde organik jeokimyasal analizler ile kaynak kaya değerlendirmesi yapılmış, ilk kez bu çalışmada belirlenen ve Yeşilçat sızıntısı olarak adlandırılan petrol sızıntısına ait katı bitümün kaynağı yorumlanmaya çalışılmıştır. Özellikle Çankırı-Çorum Havzası'nda belirlenen bazı asfaltik sızıntı izleri de bu çalışma için önemli bir bulgudur. Bu sızıntılar ile şeyl, karbonatlı, marnlı, kömürlü örneklerin organik jeokimyasal özelliklerinin karşılaştırması ile bu sahada ilk kez kaynak kaya-petrol korelasyonunun da yapıldığı geniş kapsamlı bir petrol jeolojisi çalışması gerçekleştirilmiş, bilimsel anlamda önemli bir bilgi birikimi sağlanmıştır. Petrol jeolojisi çalışmalarında, kaynak kayalarının belirlenmesi önemli olup özellikle yeni arama hedeflerinin geliştirilmesinde, maliyet ve zaman açısından önemli kazançlar sağlamakta ve daha hızlı bir şekilde amaca ulaşılması sonucunu getirmektedir.

Bu çalışmanın önemini artıran asıl konu ise detay organik jeokimyasal değerlendirmelerin, çok çeşitli jeofizik veriler ile birlikte kullanılmış olmasıdır. Havzalarda özellikle derinlik bilgisinin ortaya konulması ve yanı sıra yeterli sediman birikiminin var olup olmadığının irdelenmesi amacıyla gravite ve manyetik anomaliler incelenmiştir. 2.5 boyutlu gravite anomalileri oluşturulmuştur. Hidrokarbon aramacılığında en çok kullanılan sismik yansıma verileri de bu çalışmada ele alınan jeofizik veriler içerisindedir. Havzada açılan iki derin kuyunun hem jeolojik tanımlamaları hem de jeofizik kuyu logları yapılan tüm değerlendirmelerde referans olarak kullanılmıştır.

### 1.2. İnceleme Alanının Konumu

İnceleme alanı G-31, G-32, H-31, H-32 paftaları arasında yer almakta olup, kuzey-kuzeydoğuda Yapraklı-Bayat-İskilip, doğuda Uğurludağ, güneyde Sungurlu ve Sulakyurt, batıda ise Eldivan ile sınırlanmıştır (Şekil 1.1).

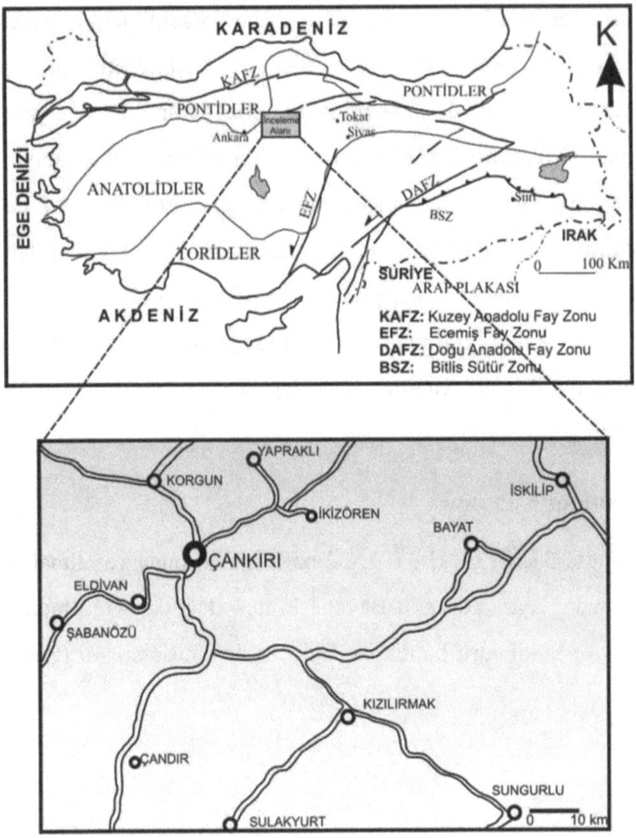


**Şekil 1.1** İnceleme alanının yer bulduru haritası

## 1.3. Öncel Çalışmalar

İnceleme alanı, Türkiye'nin önemli sedimanter havzalarından biri olması nedeniyle jeolojinin farklı alanlarında birçok çalışmaya konu olmuştur. Ayrıca petrol aramacılığı için de ilginçtir ve çok sayıda araştırmanın varlığıyla birlikte, jeofizik araştırmaların oldukça az olduğu bir alandır. Bu nedenle, öncel çalışmalar; genel jeoloji, petrol jeolojisi ve jeofizik çalışmalar olmak üzere üç kısım halinde değerlendirilmiştir.

### 1.3.1. Genel Jeoloji Kapsamlı Öncel Çalışmalar

Akarsu (1959), Çorum ve civarının bulunduğu 1/50.000 ölçekli paftanın stratigrafisini özetlediği çalışmasında "Lütesiyen (fliş)" adını verdiği Eosen kayaçlarının "Karışık Seri" üzerine uyumsuz olarak geldiğini ve Lütesiyen'i karakterize eden mikro ve makrofosiller içerdiğini belirtmiştir.

Norman (1972) tarafından Çankırı-Çorum-Yozgat bölgesinde yüzeylenen Alt Tersiyer yaşlı çökellerin beslenme yönleri saptanmış ve Çankırı Havzası'nın DKD-BGB doğrultulu, sedimantasyonla eş yaşlı faylarla bölündüğü belirtilmiştir.

Şenalp (1974), Çankırı-Çorum Havzası'nın güneyinde, Sungurlu ve çevresinde yaptığı çalışmasında; büyük bir bölümünü karasal fasiyesteki formasyonların kapladığı ve havzanın en azından Erken Kretase'nin başından Orta Eosen'e kadar geçen süre içinde dar ve derin bir okyanusal havza özellliğinde olduğuna işaret etmiştir.

Şenalp (1980), Sungurlu civarındaki Eosen yaşlı türbidit, olistostrom ve olistolit fasiyeslerini incelediği çalışmasında, havzanın stratigrafik istifinin önemli bir bölümünü oluşturan türbiditler ve bunlarla birlikte bulunan allokton kütlelerin yakın ilişkisini ortaya koymuştur.

Tüysüz ve Dellaloğlu (1992), Çankırı Havzası'nın tektonik birlikleri ve jeolojik evrimini inceledikleri çalışmada, havzanın temel ve kayaç topluluklarının Liyas öncesi, Liyas-Üst Kretase ve Üst Kretase-Paleosen zaman aralıklarında, havza içi sedimanter kayaçların ise Paleosen'den sonra geliştiğini belirtmiştir. Ayrıca Çankırı Havzası'nın Üst Paleosen, Alt Eosen'de Neotetis'in kapanmasından sonra ve onun kalıntıları üzerinde açıldığı sonucuna varmışlardır. Tüysüz ve Dellaloğlu (1994), Orta Anadolu'da Tokat ve Galatya masifleri ile Çankırı Havzası çevresindeNeo-

Tetis okyanusunun Maastrichtian'de kapandığını belirtmişlerdir. Bölgenin Erken Tersiyer tektoniğinin bu okyanusal ortamın kapanmasını sağlayan ve bu kapanmadan sonra da devam eden sıkışmalı rejim tarafından kontrol edildiğini, Maestrihtiyen sonunda Kırşehir Blok'unun Sakarya Kıtası ile çarpıştığını ve bölgenin yükselerek su üzerine çıktığını ifade etmişlerdir. Çankırı Havzası'nın çarpışma sonrası gelişen bir havza niteliği taşıdığını, Sakarya ve Kırşehir Kıtalarının ise bu dönemde sığ bir denizle kaplandığını belirtmişlerdir. Orta Eosen'den itibaren Çankırı Havzası ve çevresinde güneye doğru bindirmelerin geliştiğini, Sakarya ve Kırşehir Kıtalarının yükselerek su yüzüne çıktığını ve Çankırı Havzası'nın bir dağarası havza haline geldiğini belirtmişlerdir.

Erdoğan vd. (1996), Tersiyer yaşlı Çankırı-Çorum Havzası'nın, Yozgat-Sungurlu-Çiçekdağı arasında kalan bölümünün kırıntılı kayaçların depolandığı asimetrik bir havza olduğunu ileri sürmüşlerdir.

Seyitoğlu vd. (2000), Çankırı Havzası'nın batı kenarında Neo-Tetis Kenet kuşağına ait birimlerin batı kenarı normal faylı, doğu kenarı bindirmeli bir tektonik kama şeklinde, Çankırı Havzası'nın Neojen yaşlı ünitelerini parçaladığını ve bunu yaratan gerilmenin Geç Pliyosen'i izleyen dönemde Kuzey Anadolu Fayı ile onun bir kolu olan Kırıkkale-Erbaa Fay zonu arasındaki KB-GD sıkışma olduğunu belirtmiştir.

Gündoğan ve Helvacı (2001), Beypazarı ve Çankırı-Çorum Havzası'ndaki Geç Miyosen evaporitlerinin sedimantolojisi ve petrografisini incelemişlerdir. Bu çalışmada Çankırı-Çorum Havzası'ndaki evaporitlerin Bozkır Formasyonu içinde bulunduğu ve $CaSO_4$ ve $NaSO_4$ minerallerince zengin olduğunu belirtmişlerdir.

Kaymakçı vd. (2001), Çankırı Havzası'nın Neojen gelişimini inceledikleri çalışmalarında, Orta Anadolu'nun kuzey kesiminde, Kuzey Anadolu Fay Zonu'nun konveks kısmının kuzeye bakan birçok dala ayrılıp

Anadolu Blok'unu karmaşık bir rotasyonal deformasyona uğrattığı bir bölgede yer aldığını ve Çankırı Havzası'nın Neojen birimleri içerisinde, Türkiye'nin diğer bölgelerine de yayılabilecek şekilde iki farklı tektonik rejimin olduğunu belirtmişlerdir.

Akgün vd. (2002), Çankırı Havzası'nda Tersiyer yaşlı birimlerin yaş, paleoklimatik, paleoekolojik koşullarını ve palinomorf içeriğini değerlendirdikleri çalışmada; Orta-Geç Eosen yaşlı Yoncalı Formasyonu kömür ve şeyllerinin çökelimi sırasında nemli, tropikal bir iklimin hakim olduğu, Orta Miyosen yaşlı Kızılırmak ve Bozkır Formasyonları'nın ise subtropikal iklim koşullarında, gölsel ortamda çökeldiği sonucuna varmışlardır.

Varol vd. (2002), Çankırı-Çorum Havzası'nın kuzeyindeki Üst Miyosen evaporitik istifinin sedimantolojisini incelemiş, havzadaki istiflerin mevsimsel ya da iklimsel değişimleri yansıtan evaporitik bir gölde depolandığını belirtmişlerdir.

Karadenizli vd. (2003), bölgedeki genişlemeli tektonik rejime bağlı olarak gelişen normal fayların havza kenarı ve havza içindeki paleo-yükselimlerin düşey hareketlerini kontrol ettiğini ve buna bağlı olarak göl seviyesi değişmelerine neden olduğunu ifade etmişlerdir.

### 1.3.2. Petrol Jeolojisi Kapsamlı Öncel Çalışmalar

Ünalan ve Harput (1983), Çankırı Havzası'nın batı kenarında Maestrihtiyen, Paleosen ve Eosen yaşlı çökellerin kaynak kaya potansiyellerini araştırmıştır. Çankırı Havzası'na ait Maestrihtiyen yaşlı Gökçeviran ve Cevizlidere Formasyonu ile Eosen yaşlı Akkuzulu Formasyonu içindeki şeyllerin organik karbon yüzdelerinin 0.06-0.63 arasında değiştiğini ve dolayısı ile organik madde yönünden zengin olmadıklarını, organik madde tipi ile petrolden çok gaz türümüne elverişli olduğunu belirtmişlerdir. Şeyllere ait vitrinit yansıma değerleri %0.4 ile %0.7 arasında değişmekte olup incelenen birimlerin olgunlaşma sınırında (erken-orta olgun) bulunduğu sonucuna varmışlardır. Bu çalışmaya göre incelenen birimlerin kaynak kaya potansiyeli bulunmamaktadır.

Korkmaz vd. (1991), Türkiye'deki petrol ve doğalgaz açısında önem taşıyan bölgeler ve havzalarını değerlendirdiği çalışmasında, Orta Anadolu'nun kuzey kesiminde Çankırı-Çorum Havzası'nın birimleri üzerinde organik jeokimyasal incelemeler gerçekleştirilmiştir. Buna göre havzadaki ana kaya olarak incelenen birimlerin petrol türetebilecek organik madde içermediğini ve genellikle petrol türetebilecek olgunluk evresinde olmadıklarını belirtmiştir.

Tokatlı vd. (2006) tarafından yapılan çalışmada, Çankırı Havzası'ndaki Üst Kretase-Alt Tersiyer yaşlı birimlerin ısısal olgunlaşma ve gömülme tarihçesi değerlendirilmiştir. Kampaniyen, Maastrichtian ve Pliyosen yaşlı deformasyon sonrası çökelleri içeren havzada, Yoncalı Formasyonu'nun laminalanmış koyu gri renkli şeylleri ve derin denizel ortamda çökelmiş olan türbiditik kumtaşlarının organik maddece zengin (%0.5-1.0) oldukları, bunlarda egemen organik maddenin Tip III kerojen ve potansiyel kaynak kayacın Üst İpresiyen ve Lütesiyen yaşlı olduğu belirtilmiştir.

Şengüler (2007), Orta-Şabanözü (Çankırı) yöresinde Triyas'tan Kuvaterner'e kadar değişik nitelikte kaya birimlerinin yüzeylediğini belirtmiştir. Tersiyer yaşlı birimlerden, Eregez Aglomerası, Hançili Formasyonu ve Orta Formasyonu'nun kömür içerdiğini, Orta ve Şabanözü (Çankırı) arasında kalan bölgede kömürleşmenin Miyosen ve Pliyosen yaşlı çökeller içerisinde olduğunu ifade etmiştir. Pliyosen yaşlı Orta Formasyonu'nun içerdiği linyitin düzenli bir yayılıma sahip olmadığını, havzanın sadece belirli bir bölümünde yer aldığını ve Miyosen yaşlı çökeller içerisindeki linyit oluşumlarının ise düzenli ve devamlı bir yayılım gösterdiğini belirtmiştir.

İnceleme alanında yapılan stratigrafik adlamalar karşılaştırmalı olarak Şekil 1.2'de gösterilmektedir.

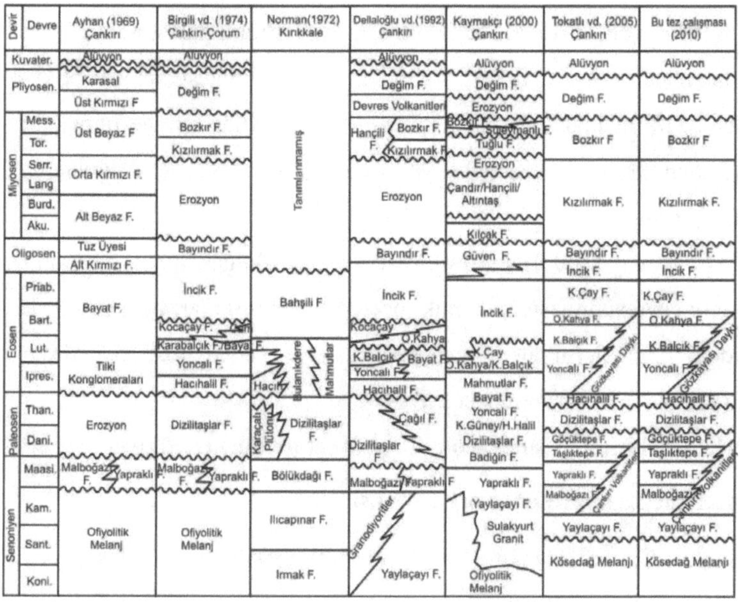


**Şekil 1.2.** İnceleme alanına ait öncel çalışmaların korelasyonu

### 1.3.3. Jeofizik Kapsamlı Öncel Çalışmalar

Kaymakçı vd. (2009) tarafından, Çankırı Havzası'nın jeolojisi uydu görüntüleri, hava fotoğrafları, gravite ve sismik kesitleri içeren çok kaynaklı veri setleri kullanılarak çalışılmış ve elde edilen verileri havzanın değişik amaçlı haritalarını hazırlamak ve sismik kesitlerin olduğu kısmının ise 3 Boyutlu modelini oluşturmak için kullanmışlardır. Bu çalışma ile İzmir-Ankara-Erzincan Kenet Kuşağı boyunca meydana gelen Sakarya

Kıtası ve Kırşehir Bloğunun çarpışma tarihçesinin daha iyi anlaşıldığı sonucuna varmışlardır.

Piper vd. (1996), Ezinepazarı–Sungurlu Fay bölgesi, Kızılırmak Fay bölgesi ve Laçin Fay bölgesi'nde yaptıkları paleomanyetik çalışmalarda saatin tersi yönünde bir deformasyonun varlığını ortaya koymuşlardır. Bu fayların KAF'a dik faylar oluşu da rotasyonun varlığını göstermektedir.

Platzman vd. (1994), Orta-Çankırı bölgesinde yaptıkları paleomanyetik analizlerde sistematik bir saat yönünde dönme olmadığını buna karşın bazı yerlerde 43$^{o}$'ye varan saat yönünde dönmelerden bahsetmişlerdir.

Taymaz vd. (2007), Kuzey Anadolu Fay Bölgesi'nin Orta-Çankırı bölgesi ve çevresinin sismotektonik incelemesini yaptıkları çalışmada, saat yönündeki dönmelerin alt kabuk ve litosferin makaslama etkisinin bir sonucu olduğuna karar vermişlerdir.

# 2. İnceleme Alanının Genel Jeolojik ve Stratigrafik Özellikleri

## 2.1. İnceleme Alanının Bölgesel Jeolojisi

Çankırı-Çorum Havzası, Orta Anadolu Bölgesi'nde en büyük Tersiyer yaşlı havzalarından birisi olup, yaklaşık 10.000 m kalınlığında bir sedimanter istifi vardır (Birgili vd., 1975).

Orta Anadolu havzaları (Tuzgölü, Haymana, Sivas Havzası), Geç Kretase-Erken Eosen döneminde Neotetis'in kapanması sırasında gelişen havzalardır (Şengör ve Yılmaz, 1981; Tüysüz ve Dellaloğlu, 1992, 1994; Tüysüz vd., 1995; Erdoğan vd., 1996; Görür vd., 1998). Havza, Sakarya ve Kırşehir Blokları ile Ankara-Erzincan Kenedi'nin oluşturduğu karmaşık bir bölgede yer almaktadır. Kuzey ve batıdan ofiyolitik melanj ile güneyden de Kırşehir Masifi ile kuşatılmıştır. Güneybatıda ise Haymana ve Tuz Gölü Havzaları ile dar bir bağlantısı olduğu gözlenmektedir (Şekil 2.1). Havzanın temelinde Neotetis sütur zonu, Sakarya Kıtası ve Kırşehir Bloğuna ait Mesozoyik yaşlı ofiyolitik melanj yer almaktadır.

Çankırı-Çorum Havzası'na bakıldığında; Paleosen'den Pliyosen'e kadar uzanan bir çökelim olduğu, Paleojen bölümünün denizel, Neojen bölümünün ise karasal, kırıntılı ve evaporitik kayaçlardan oluştuğu, bunların ise tüm Orta ve Batı Anadolu'da yerleştiği gözlenmektedir. Bu alanda birbirinden iki açısal uyumsuzlukla ayrılan üç temel sedimantasyon birimi bulunmaktadır. Bunlar; Üst Paleosen-Üst Eosen yaşlı denizel sedimanlar, Erken-Geç Miyosen yaşlı gölsel sedimanlar, Geç Miyosen-Pleistosen yaşlı akarsu çökelleri olarak tanımlanmıştır (Birgili vd., 1975).

## 2.2. İnceleme Alanının Tektonik Tarihçesi

Neotetis Okyanusu'nun kuzey kolu (İzmir-Ankara-Erzincan Okyanusu) Erken Kretase'de kuzey yönlü yitimle Sakarya Kıtası altında tüketilmeye başlamış ve Sakarya Kıtası ile Kırşehir Kıtası, Üst Kretase'de Tokat ve Galatya Masifleri ile kapatılmıştır. Üst Kretase-Üst Eosen'de kuzey kanadı kapanan Neotetis; karmaşık bir tektonik model meydana getirmiştir (Şengör ve Yılmaz, 1981). Çankırı-Çorum Havzası Üst Paleosen-Alt Eosen döneminde Neotetis Okyanusu'nun kapanması ile başlayan kıtalar arası sıkışma rejiminin kontrolü altında gelişen bir havzadır (Tüysüz ve Dellaloğlu, 1992, 1994). Daha sonra Miyosen'den itibaren kıtalar arası sıkışma yerini, olasılıkla orojenik çökme nedeniyle genişlemeli tektonik rejime bırakmıştır (Seyitoğlu vd., 1997, 2000). Gerek fasiyesler, gerekse istifin yukarı doğru incelmesi ve sinsedimanter tektonik yapılar bunların kanıtıdır. Çankırı-Çorum Havzası'nın batı kenarını oluşturan bölgede Miyosen'den itibaren yaklaşık KB-GD istikametinde normal faylar ile bölünen paleoyükselimler yer almaktadır.

Genişlemeli tektonik rejim Üst Miyosen'de devam etmiş, fakat iklimin değişmesi sonucu evaporitik göl ortamları gelişmiştir (Varol vd., 2002). Miyosen tortulları genişlemeli tektonik rejimde depolandıktan sonra Geç Pliyosen'de batı kenarı normal faylı, doğu kenarı bindirmeli tektonik kama ile parçalanmıştır (Seyitoğlu vd., 2000). Bu kama, Kuzey Anadolu Fayı ve onun bir kolu olan Kırıkkale-Erbaa fay zonu arasında oluşan KB-GD yönlü sıkışmanın etkisi ile oluşmuştur (Seyitoğlu vd., 2000). Bu tektonik aktivite sonusunda Miyosen tortulları deforme olmuş ve farklı kısımlara ayrılmıştır. Koçyiğit vd.'nin (1995) ön gördüğü gibi kıtalar arası sıkışmadan doğan bindirme sistemleri mevcut olmayıp önceden genişlemeli tektonik rejim altında gelişen havza, neotektonik aktivite sonucu oluşan bir tektonik kama ile parçalanmıştır.

Genel jeolojik olarak tüm öncel çalışmalarda Çankırı-Çorum Havzası olarak değerlendirilen inceleme alanı, detaylı jeolojik özelliklerinin verilebilmesi için Çankırı ve Çorum civarı olarak iki ayrı bölümde anlatılmıştır.

### 2.2.1. Çankırı Havzası

Türkiye'nin en büyük Tersiyer çökel havzalarından biri olan Çankırı Havzası batıda K-G gidişli Elmadağ-Eldivan Dağı, kuzeyde D-B gidişli Ilgaz Dağı, doğuda ise yine K-G gidişli Köse Dağı gibi topoğrafik yükselimlerle sınırlanmaktadır. Çevresi bu yüksek dağ sıraları ile kuşatılmış olan ve içerisinde Kızılırmak nehrinin güneybatıdan kuzeydoğuya doğru menderesler çizerek aktığı havza oldukça düz ve yayvan topoğrafyalıdır. Bu morfolojik konumu ile Çankırı Havzası günümüzde bir dağ arası havza görünümündedir. Havzanın en kuzeyinde Rodop-Pontid Kıtası ile onu güneyindeki Sakarya Kıtasından ayıran Bolu-Ilgaz Ofiyolitik Kuşağı vardır (Şengör ve Yılmaz, 1981). Çankırı

Havzası'nın doğu, batı ve kuzeyinde ise Sakarya Kıtasına ait litolojiler bulunmaktadır. Bunlar havzaya doğru İzmir-Ankara-Erzincan Ofiyolitik Kuşağı'nın bölgedeki temsilcisi olan ofiyolitik-volkanik bir kuşak üzerine itilmişlerdir. Kendisi de havza içerisindeki Tersiyer çökelleri üzerine itilmiş olan bu allokton kuşak aynı zamanda güneydeki Kırşehir Blok'unu Sakarya Kıtası'ndan ayırmaktadır. Bu tektonik konumu ile Çankırı Havzası, Türkiye'nin farklı kıtasal ve ofiyolitik birliklerinin birbirine kavuştuğu kritik bir alanda yer almaktadır.

Çankırı Havzası'nın çevresinde dört büyük metamorfik masif vardır. Bunlar güneyde Kırşehir, batıda Galatya, kuzeyde Ilgaz-Kargı ve doğuda Tokat Masifleri'dir. Çankırı Havzası ve çevresinde izlenen başlıca ana birlikler; ileri derecede metamorfik kayaçlardan oluşan Kırşehir Birliği, Triyas'da açılıp kapanmış Karakaya kenar denizinin ürünü olan metamorfik çökel ve volkanitleri içeren Karakaya Birliği, Karakaya Birliğinin oluşturduğu kıtasal temel üzerinde gelişmiş olan, Liyas-Üst Kretase yaşlı transgresif bir çökel istifi halinde olan Sakarya Birliği, güneydeki dalma batma sonucu gelişen bir ensimatik yaya ait volkanitler ve onlarla ardalanan çökellerden, ofiyolitik bir melanjdan ve bunların üzerindeki regresif bir kırıntılı istiften oluşan Kalecik Birliği, havzanın açılma, derinleşme ve sığlaşma dönemlerinde gelişen kırıntılı ve volkanitlerden oluşan İskilip Birliği, kırıntılı ve evaporitlerle temsil edilen Çankırı Birliği'dir.

Havzanın temel ve çevresini oluşturan kaya toplulukları farklı tektonik rejimlerin egemen olduğu Liyas öncesi, Liyas-Üst Kretase ve Üst Kretase-Paleosen zaman aralıklarında, havza içi kayalar ise Paleosen'den sonraki gelişmiştir. Liyas öncesi dönem, bölgedeki metamorfik kayaların oluşmasını, erken deformasyonunu ve metamorfizmasını sağlayan Kimmerid ve kısmen de daha yaşlı orojenik olayların etkili olduğu dönemdir. Bu dönem Triyas sonunda Karakaya kenar denizinin kapanması ile son bulmuş, böylece farklı kaya toplulukları bir araya gelerek daha sonraki dönemler için kıtasal bir temel oluşturmuşlardır. Liyas-Üst Kretase dönemi, gerilmeli bir rejimin etkin olduğu bir dönemdir. Triyas sonunda oluşan kıtasal temel Liyas'ta riftleşmeye başlamış, bu gerilme rejimi Alt Kretase sonuna kadar sürmüştür. Böylece Sakarya kıtasının güneyinde kalın bir istif gelişmiştir. Üst Kretase başından itibaren bölge tekrar bir sıkışmalı rejimin etkisi altına girmiştir. Bunun sonucu olarak Neo-Tetis okyanusu kuzeye doğru hem Sakarya kıtası hem de kendi altına doğru dalıp batarak tüketilmeye başlamıştır. Bu dalma batmalar nedeniyle Sakarya Kıtasının güneyindeki pasif kıta kenarı aktif hale gelirken güneyde ensimatik bir yay gelişmiştir. Daha önce Tüysüz vd. (1989) tarafından Osmancık-Gümüşhacıköy civarında izlerine rastlanan böyle bir ensimatik yayın tüm Çankırı Havzası çevresindeki varlığı Tüysüz ve Dellaloğlu (1992) tarafından ortaya konmuştur.

### 2.2.2. Çorum Havzası

Geç Kretase-Geç Paleosen zaman aralığında Sakarya Kıtası'nın aktif kıta kenarı üzerinde bir yay önü havzası olarak gelişen Çorum Havzası, Kırşehir Bloğu ile Sakarya Kıtası'nın Geç Paleosen-Erken Eosen sırasında çarpışması ile deforme olmuştur (Şekil 2.1). Orta Eosen'den sonra bir molas havzası haline gelen Çorum Havzası karasal çökellerle Geç Miyosen'e kadar doldurulmuştur. Geç Miyosen'de kıvrımlanan bölge en geç Miyosen'de faaliyete başlayan ve Orta Pliyosen'de faaliyeti son bulan doğrultu atımlı sağ yönlü faylarla deforme olarak bugünkü şekline ulaşmıştır. İnceleme alanında Mesozoyik-Senozoyik yaşlı birimler yüzeylemektedir. Bu birimler; Geç Kretase (Santoniyen-Kampaniyen-

Maestrihtiyen)-Erken Eosen yaşlı melanj Orta Eosen-Geç Miyosen yaşlı karasal çökellerdir.

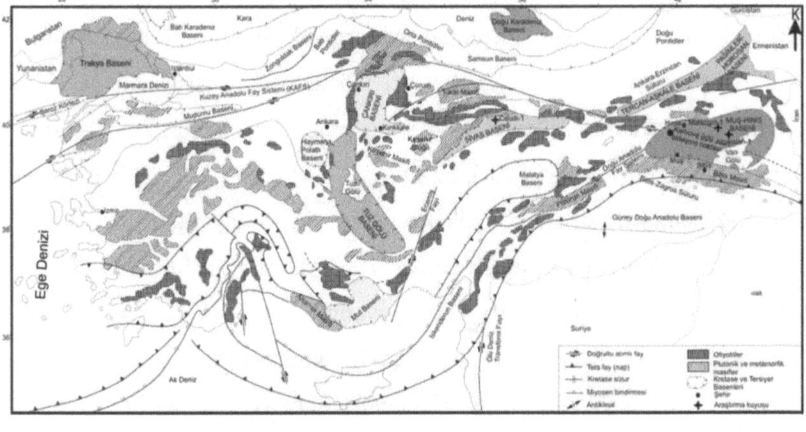


**Şekil 2.1** İnceleme alanının Türkiye'nin diğer sedimanter havzaları, ofiyolit, metamorfik ve plütonik masifleri içerisindeki konumu (Huvaz, (2009)'dan değiştirilmiştir).

## 2.3. İnceleme Alanının Stratigrafik Özellikleri

İnceleme alanının temelini Kösedağ Melanjı oluşturmaktadır (Şekil 2.2 ve Şekil 2.3). Kösedağ Melanjı üzerine uyumsuz olarak gelen Yaylaçayı Formasyonu; temelde tüf, tüfit ve aglomera üstte ise iyi-orta taneli kumtaşı, killi kireçtaşı, marn ve silttaşı, içermektedir. Yaylaçayı Formasyonu üzerindeki birimler, Çankırı Volkanitleri içerisinde yanal ve düşey geçişli olan Malboğazı, Yapraklı, Taşlıktepe ve Göçüktepe Formasyonlarıdır (Şekil 2.3). Malboğazı Formasyonu'nun alt düzeyleri, başlıca Çankırı Volkanitlerinin aglomera ve tüfleri ile Hippuritesli kireçtaşı bantlarından oluşmaktadır. Malboğazı Formasyonu'nun üst düzeyleri ise başlıca kuvars kumtaşı ve beyaz renkli kireçtaşlarını içermektedir (Özçelik ve Öztaş, 2000). Yapraklı Formasyonu'nun temeli marn içerisinde geçişli çakıltaşlarından, üst kısımlar ise silttaşı, kumtaşı ve kalınlıkları 5 m ile 10 m arasında değişen killi kireçtaşlarından oluşmaktadır. Taşlıktepe Formasyonu şeyl, kırıntılı kumtaşları, kumlu kireçtaşı, silttaşı ve marndan oluşmaktadır. Alt Paleosen sedimanları, organik maddece zengin, kırmızı renkli çamurtaşlarından oluşan karasal Göçüktepe Formasyonu ile ifade edilmektedir. Bu formasyonun üst kısmı çapraz laminalanmış kumtaşları ve konglomedan oluşmaktadır (Şekil 2.3).

Sığ denizel ortamda çökelen Üst Paleosen yaşlı Dizilitaşlar Formasyonu, Paleosen boyunca Çankırı Havzası içerisine bir deniz etkisini göstermektedir. Dizilitaşlar Formasyonu alt seviyelerde resifal kireçtaşlarından, üstte ise gri renkli kumtaşından ve şeylerden oluşmaktadır. İpresiyen yaşlı Hacıhalil Formasyonu alt seviyelerde kömürlü çamurtaşı, orta seviyelerde çakıltaşı, üst seviyelerde ise kumtaşı ve şeyl içermektedir. Yoncalı Formasyonu, Üst İpresiyen ve Lütesiyen boyunca Çankırı Havzası içerisine tamamen deniz ilerlemesini göstermektedir. Litolojik olarak Yoncalı Formasyonu sığ denizel laminalanmış koyu gri şeylleri ve derin denizel kumtaşları ile karasal organik madde içermektedir (Şekil 2.3).

Karabalçık Formasyonu, Lütesiyen serilerinin temelinde akarsu yelpaze çökelleri olarak tanımlanmıştır (Dellaloğlu vd., 1992). Karabalçık Formasyonu alt seviyelerde başlıca çakıltaşı, orta seviyelerde Nummulitli kireçtaşı, üst seviyelerde ise kumtaşı ve bir kömür tabakasından oluşmaktadır. Bayat civarında Lütesiyen yaşlı volkano-sedimanter Bayat Formasyonu, Çankırı civarında Kocaçay Formasyonu'nun alt kısmına ve Osmankahya Formasyonu'nun üst kısmına karşılık gelmektedir (Özçelik ve Öztaş, 2000).

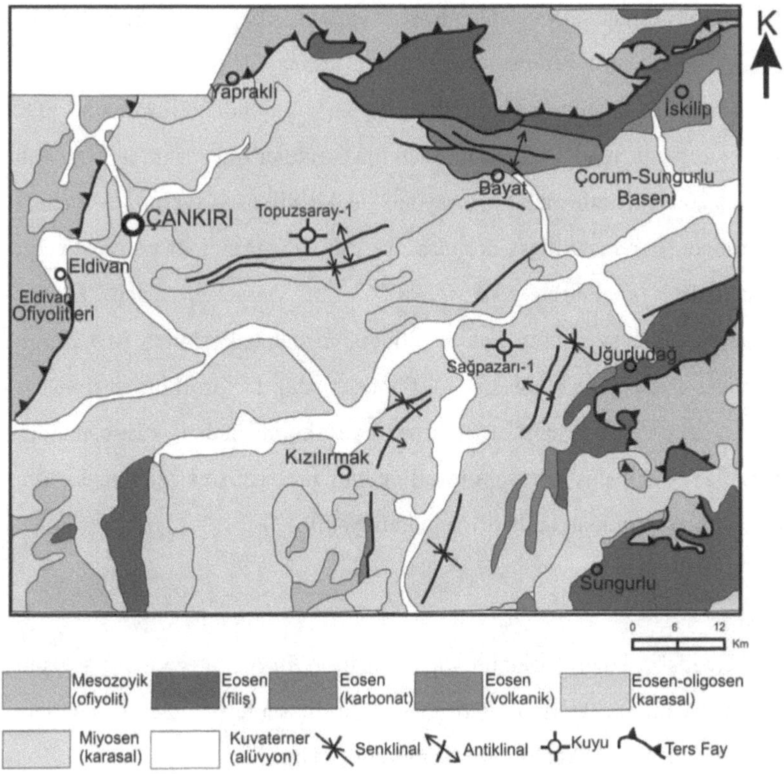


**Şekil 2.2** İnceleme alanına ait genel jeoloji haritası (Özçelik ve Öztaş, 2000)

Bayat Formasyonu, tüf, tüfit, aglomera, şeyl, volkanoklastikler ile marn ve kumtaşı ardalanmasından oluşmuştur ve İncik Formasyonu ile yanal ve düşey geçişlidir. Osmankahya Formasyonu, 3-4 m kalınlığında çapraz tabakalanmış çakıltaşı, kumtaşı ve onu izleyen bitki ve kömür parçaları taşıyan çamurtaşından oluşmaktadır. Birimin alt düzeylerinde yaklaşık 4 m kalınlıklı Gözkayası daykı bulunmaktadır. Formasyonu'nun kalınlığı 170-250 m arasında değişmektedir (Birgili vd., 1975; Özçelik ve Öztaş, 2000). Orta Eosen yaşlı Kocaçay Formasyonu bol fosilli kireçtaşı, marn ve karbonatlı kumtaşlarından oluşmakta olup 65-350 m kalınlık sunmaktadır

(Özçelik ve Öztaş, 2000). Üst Eosen yaşlı İncik Formasyonu, başlıca organik maddece zengin çamurtaşı, kumtaşı ve konglomeradan oluşmaktadır. Üst Oligosen-Alt Miyosen yaşlı Bayındır Formasyonu jips, marn ve organik maddece zengin çamurtaşlarından oluşmaktadır (Özçelik ve Öztaş 2000). Kızılırmak Formasyonu ise Alt Miyosen yaşlı olup, kırmızı ve turuncu renkli çakıltaşı, kumtaşı ve çamurtaşı gibi akarsu çökelleri içermektedir (Dellaloğlu vd., 1992). Üst Miyosen yaşlı Bozkır Formasyonu, beyaz rengin hakim olduğu, ince tabakalanmış (0.5-2 cm) jips, marn, silttaşı, ve kumtaşından, Pliyosen yaşlı Değim Formasyonu ise başlıca gri renkli marn, çamurtaşı ve kumtaşından oluşmaktadır. Kuvaterner yaşlı alüvyon ve karasal sedimentler çalışma alanındaki tüm formasyonları uyumsuzlukla örtmektedir (Şekil 2.3).

### 2.3.1. Kösedağ Melanjı

Neotetis'in kuzey kolunun kapanımı ile ilgili olarak gelişmiş yığışım prizması ve bunun üzerinde gelişen yay önü basenlerinin varlığı ilk defa Koçyiğit (1991) ''Anatolion Complex'', Özçelik ve Savun (1993) tarafından ise ''Kösedağ Melanjı'' olarak adlandırılmıştır. Kösedağ Melanjı, Bailey ve Mc Callian'ın (1953) "Ankara Melanjı'', Özkaya'nın (1982) "Kırıkkale Melanjı", Yılmaz ve Tüysüz'ün (1984) "Kirazbaşı Melanjı" ve Koçyiğit ve Lünel'in (1987) "Anadolu Napı" ile ilişkilendirilebilir.

Kösedağ Melanjı; Okyanusal kabuğa ait, yer yer serpantinleşmiş ultrabazik kayaçlar ile bunlarla çoğunlukla tektonik yer yer de sedimanter ilişkilere sahip ve bunların örtüsünü oluşturan killi kireçtaşı, çört, radyolarit, silisli şeyl ve bunlarla girik şekilde gözlemlenen denizaltı bazalt, tüf, tüfit, aglomeralardan oluşmaktadır. Alt dokanağı; Sakarya kıtasına ait temel ve örtü birimleriyle tektonik olan birimin üst dokanağı; Özçelik

(1994) tarafından İskilip doğusundaki alanda Yaylaçayı Formasyonu ile geçişli olarak gösterilmiştir. Birim, Çankırı volkanitleri, Malboğazı, Dizilitaşlar, Hacıhalil, Karabalçık Formasyonu ile Miyosen ve Pliyosen yaşlı birimler tarafından açılı uyumsuzluklarla örtülmüştür (Şekil 2.3). Yaşı, paleontolojik incelemelere göre Orta Kampaniyen-Maestrihtiyen'dir. Ancak Özçelik (1994) Erken Kampaniyen'e de inebileceğini belirtmiştir. Birim, içyapısı deformasyon modelinin tipi ve kendisini oluşturan değişik yaş ve kökendeki blok ve tektonik dilimlerin dokanak ilişkilerine göre Neotetis'in aktif kenarında çarpışmadan önce oluşmuş yığışım prizması şeklinde gelişmiş olarak yorumlanmıştır (Özçelik, 1994).

### 2.3.2. Yaylaçayı Formasyonu

Birimin tip kesiti ilk kez Yoldaş (1982) tarafından Çankırı'nın 25 km KD'da adlandırılmıştır (Şekil 2.2).

Birim genellikle tüf, tüfit ve aglomeralarla girik şekilde gözlenen yeşilimsi- gri renkli marn, killi kireçtaşı, kalsitürbiditik kireçtaşı, silttaşı, kumtaşı ve ofiyolitik melanjdan türeme olistrostromal çakıltaşı ve olistolitlerden oluşmuştur (Şekil 2.3).

İnceleme alanında Kösedağ Melanjı ile tektonik ilişkili olarak gözlenen birimin alt dokanağı; Özçelik (1994)'e göre İskilip KD'sunda, Kösedağ Melanjına ait kırmızı, bordo renkli mikritlerin renginin açılarak bej, beyaz, krem renkli kireçtaşı, marn ardalanmasına dönüşmesiyle Yaylaçayı Formasyonu'na geçiş göstermektedir. Üst dokanağı ise kireçtaşı, marn, tüf ve aglomeralardan oluşan Malboğazı Formasyon'u ile uyumsuzdur ve birimin kalınlığı 2500 m'dir (Özçelik ve Öztaş, 2000) (Şekil 2.3).

Derin denizel volkano-sedimanter bir istif sunan ve altındaki ofiyolitik melanj ile geçişli (en azından su altı uyumsuzluğu) bir dokanak ilişkisi sunan Yaylaçayı Formasyonu'nun yığışım prizması üzerinde oluşmuş bir yay önü basende geliştiği belirtilmektedir (Dickinson, 1970; Reading, 1982; Görür vd., 1983; Koçyiğit, 1991a).

Yaylaçayı Formasyonu'ndan elde edilen fosiller dikkate alındığında yaşının Senoniyen-Alt Maestrihtiyen olduğu kabul edilmiştir (Özçelik ve Öztaş, 2000).

### 2.3.3. Malboğazı Formasyonu

İlk olarak Ayan (1969) tarafından Üst Kretase yaşlı resifal kireçtaşı için kullanılan bu adlama, daha sonraki çalışmalarda da benzer litolojiler için kullanılmıştır (Üşenmez, 1974; Birgili vd., 1975; Ünalan, 1982; Akyürek vd., 1982 ve Dellaloğlu, 1992 ).

Formasyon Çankırı Volkanitleri'yle yanal ve düşey yönde geçişler göstermektedir. Formasyonu'nun alt seviyeleri, başlıca Çankırı Volkanitleri'nin aglomera ve tüfleri ile Hippuritesli kireçtaşı bantlarından oluşmaktadır. Üstte ise başlıca kuvars kumtaşları ve kireçtaşlarını içermektedir. Kireçtaşları kırıklı, kalın tabakalı ve oldukça sert olup, birimin kalınlığı yaklaşık 40-150 m arasında değişmektedir (Özçelik ve Öztaş, 2000) (Şekil 2.3). Maestrihtiyen yaşlı olan birimin sığ ve sıcak deniz koşullarında oluştuğu belirtilmiştir (Tanrıverdi, 1974).

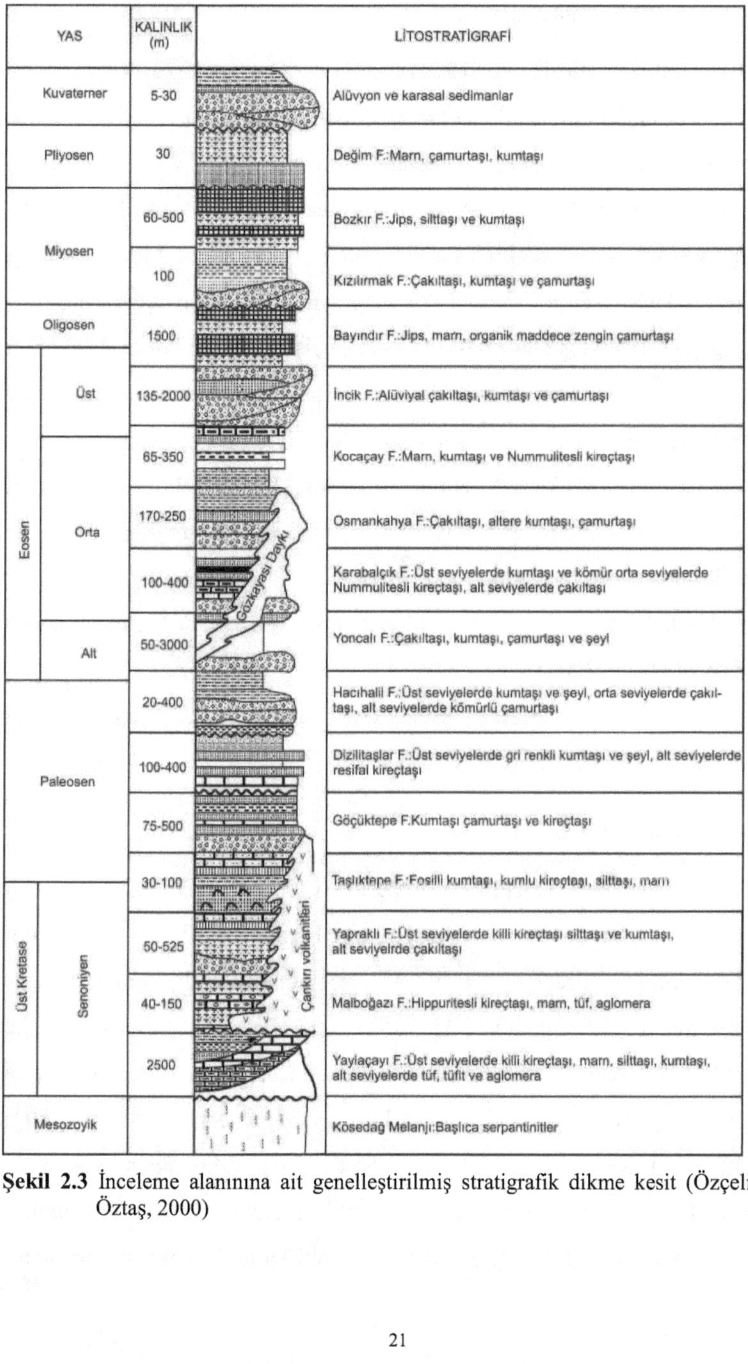


**Şekil 2.3** İnceleme alanınına ait genelleştirilmiş stratigrafik dikme kesit (Özçelik ve Öztaş, 2000)

### 2.3.4. Yapraklı Formasyonu

Birim ilk kez Birgili vd. (1974) tarafından Çankırı kuzeydoğusundaki Yapraklı ilçesindeki tip kesitte adlandırılmıştır (Şekil 2.2).

Yer yer ofiyolitik melanj, Yaylaçayı ve Malboğazı Formasyonlarından türeyen olistrostomal çakıltaşı ve olistolitlerini de içeren yeşilimsi-gri renkli marn silttaşı, kumtaşı, killi kireçtaşı litolojilerinden oluşan birimin alt dokanağı Malboğazı Formasyon'u ile üst dokanağı ise Taşlıktepe Formasyon'u ile geçişlidir ve kalınlığı 50-525 m arasında değişmektedir (Şekil 2.3). Malboğazı kesitinde Malboğazı Formasyonu'nun beyaz renkli kireçtaşı litolojileri üzerine uyumlu olarak gelişen yeşilimsi renkli ve nadir Ammonit fosilli marn, siltli marn ardalanması üste doğru tane boyunun artması ile boz renkli iri kavkılı kumtaşlarından oluşan Taşlıktepe Formasyonu'na geçmektedir. Bu kesitte 80 m olarak ölçülen birimin kalınlığı kuzey kesimlere doğru artmaktadır (Özçelik ve Öztaş, 2000) (Şekil 2.4).

Birimin fosil içeriğine göre Üst Maestrihtiyen yaşlı olduğu belirtilmiştir (Özçelik ve Öztaş, 2000).

### 2.3.5. Taşlıktepe Formasyonu

Birim ilk kez Özçelik ve Öztaş (2000), tarafından Yapraklı kuzeylerinde adlandırılmıştır (Şekil 2.2). Birim gri renkli, iri kavkılı kumtaşı, kumlu kireçtaşı, yeşilimsi gri renkli siltli, kumlu marn litolojilerinden oluşmaktadır. Alt dokanağı Yapraklı Formasyonu ile geçişli, üst dokanağı ise karasal çökellerden oluşan Göçüktepe Formasyonu ile genelde geçişli, yer yer de diskordan olarak gözlenmektedir. Kalınlığı 30-100 m arasında değişmektedir (Şekil 2.3). Malboğazı kesitinde, Yapraklı Formasyonu'nun mavimsi gri renkli marnlar üste doğru gri renkli, iri kavkılı kumtaşlarına geçmektedir. Buradaki kalınlığı yaklaşık 50 metre olan birim, üste doğru sığlaşarak kırmızımsı renkler alarak Göçüktepe Formasyonu'na geçmektedir (Özçelik ve Öztaş, 2000) (Şekil 2.4). Birimin yaşı, içerdiği iri kavkılardan dolayı Üst Maestrihtiyen-Alt Paleosen olarak belirlenmiştir (Özçelik ve Öztaş, 2000).

### 2.3.6. Göçüktepe Formasyonu

Formasyon Yapraklı kuzeyinde, Özçelik ve Öztaş (2000), tarafından tanımlanmıştır (Şekil 2.2).

Kumtaşı, çamurtaşı ve kireçtaşından oluşan birimin alt dokanağı Taşlıktepe Formasyonu ile geçişli, üst dokanağı ise Orta Eosen ve Miyo-Pliyosen birimleri tarafından açısal uyumsuzlukla örtülmüştür. Kalınlığı 75-500 m arasında değişmektedir (Şekil 2.3). Birim Malboğazı kesitinde Taşlıktepe Formasyonu'nun boz renkli kumtaşlarının üste doğru Göçüktepe Formasyonu'na geçmesiyle başlamaktadır. Üst kesimlerde kırmızı, turuncu, mor, yeşil, kalın çapraz katmanlanmalı çakıltaşı, kumtaşı, çamurtaşı litolojilerinden oluşmaktadır. Bunların üzerine, Dizilitaşlar Formasyonu'nun genellikle ofiyolitik melanj ve Malboğazı Formasyonu'nun kireçtaşlarından beslenmiş çakıllı kireçtaşları uyumsuzlukla gelmektedir (Özçelik ve Öztaş, 2000) (Şekil 2.4).

Birim içerisinde fosil bulunamamakla birlikte yaşı Paleosen olarak belirtilmiştir (Özçelik ve Öztaş, 2000).

### 2.3.7. Çankırı Volkanikleri

Çankırı'dan Yapraklı ve kuzeyine kadar uzanan alanda yaygın olarak yüzeyleyen birim Birgili vd. (1974) tarafından Çankırı civarında Malboğazı kireçtaşlarının altında ve Yapraklı Formasyonu içerisinde yer alan spilitlerle, üzerinde yer alan andezit ve bazaltlar, Çankırı Volkanitleri olarak adlandırılmıştır (Şekil 2.3).

Birim, Yaylaçayı Formasyonu'nun üstünde, Malboğazı, Yapraklı, Taşlıktepe ve Göçüktepe Formasyonları ile yanal ve düşey yönde girik olarak gözlenmektedir (Şekil 2.3). Malboğazı kesitinde sil ve dayklarla kesilmiş bulunan aglomeralarla ardalanan kahve ve kahvenin tonları renklerdeki andezit ve bazaltlardan oluşan Çankırı Volkanitleri üzerine Malboğazı Formasyonu'nun Hippuritesli kireçtaşları, tüf ve tüflü kumtaşlarıyla ardalanarak geçişli olarak gelmektedir (Özçelik ve Öztaş, 2000) (Şekil 2.4).

Ardalanmalı olarak gözlenen birimlerin yaşları dikkate alındığında, Çankırı Volkanitleri'nin Maestrihtiyen-Paleosen yaş aralığında geliştiği söylenebilir (Özçelik ve Öztaş, 2000).

### 2.3.8. Dizilitaşlar Formasyonu

Birim ilk kez Norman (1972) tarafından Kırıkkale'nin 10 km kuzeybatısındaki Dizilitaşlar Mevkii'nde adlandırılmıştır.

Birim genellikle değişik boylardaki kırıntılılar ve karbonatlardan oluşmakta ve kalınlığı 100-400 m değişmektedir. Kireçtaşları beyaz renkli, kırıklı ve kalın tabakalıdır (Şekil 2.3). Malboğazı kesitinde, Göçüktepe Formasyonu üzerine genellikle ofiyolitik melanj ve Malboğazı Formasyonu'na ait kireçtaşlarından oluşan karbonat matriksli çakıltaşları ile uyumsuz olarak başlayan birimin kalınlığı 25-30 metreyi geçmektedir (Şekil 2.4). Formasyon, havzanın batı kenarında Üst Kretase sonlarına doğru gözlenen yükselim alanlarına ve bunlara bağlı olarak gelişen çökelmezliklere karşın doğuya doğru gelişen derin denizel alanlarda çökelmiştir (Özçelik ve Öztaş, 2000).

Dellaloğlu vd. (1992), birimin yaşının bulunan fosillere göre Paleosen olduğunu belirtmiştir (Özçelik ve Öztaş, 2000).

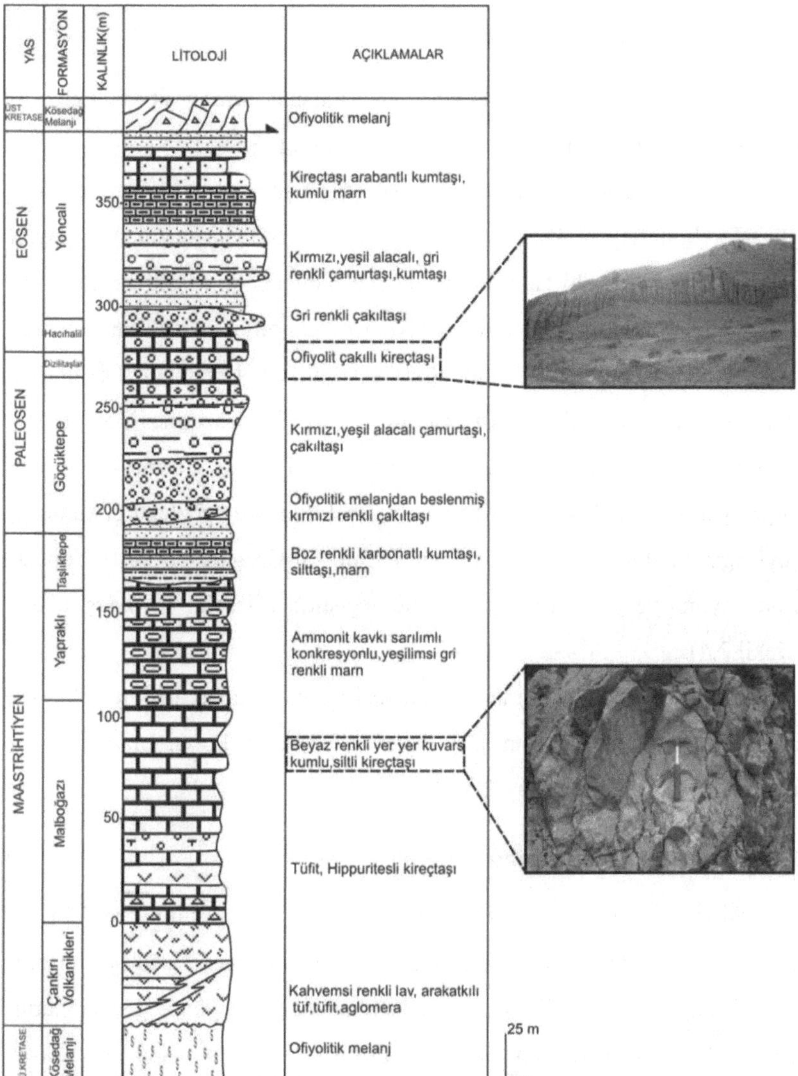


**Şekil 2.4** İnceleme alanında örnekleme yapılan Malboğazı ölçülü dikme kesiti

### 2.3.9. Hacıhalil Formasyonu

İlk kez Dellaloğlu (1974) tarafından adlanan birime ait yüzlekler en iyi İskilip ve kuzeyindeki alanlarda görülmektedir (Şekil 2.2).

Birim, Tersiyer istifinin en alt kesimini oluşturmakta ve güneye doğru yükselerek ilerleyen, kuzey kenar üzerine açısal uyumsuzlukla başlayan çakıltaşı, kumtaşı gibi kaba kırıntılılar ve bunlarla girik şekilde gözlenen silttaşı, şeyl litolojilerinden oluşmaktadır. Kalınlığı 20-400 m arasında değişmektedir (Şekil 2.3). Malboğazı kesitinin alt kesiminde Dizilitaşlar Formasyonu'nun açık renkli çakıllı kireçtaşları üzerine boz renkli çakıltaşları ile açısal uyumsuzlukla başlayan Hacıhalil Formasyonu, üste doğru yer yer çakıllı kireçtaşı bant ve merceklerinin de gözlendiği kumtaşı, şeyl ağırlıklı bir istife geçmektedir. Birim Alt-Orta Eosen yaşlı Yoncalı Formasyonu ile yanal ve düşey yönde geçişlidir (Özçelik ve Öztaş, 2000) (Şekil 2.4).

Dellaloğlu vd. (1992) tarafından fosiller ve dokanak ilişkileri dikkate alındığında birimin yaşının Üst Paleosen (?)-Orta Eosen olduğu kabul edilmiştir (Özçelik ve Öztaş, 2000).

### 2.3.10. Yoncalı Formasyonu

Birim ilk kez Birgili vd. (1974) tarafından adlandırılmıştır. Yapraklı doğusundaki alanlarda, özellikle de Bayat kuzeyinde geniş yüzlekli birimin alt dokanağı, Hacıhalil Formasyonu ile yanal ve düşey yönde geçişli olarak gözlenirken üst dokanağı da Orta Eosen yaşlı Karabalçık ve Bayat Formasyonu ile yanal ve düşey yönde geçişlidir (Şekil 2.2 ve Şekil 2.3). Yoncalı Formasyonunun alt kesimlerinde şeyller hakim litolojidir. Orta katman kalınlıklı kumtaşlarınında ardalanmada yer aldığı birimde üste doğru yer yer kayma yapıları (slamp) ve ofiyolitik melanja ait olistolitler de gözlenmektedir. Daha çok gri ve tonları renklerde şeyl, boz renkli silttaşı, kumtaşı ardalanmasından oluşan birim içerisinde yer yer ofiyolitik melanja ait olistostromal çakıltaşı düzeyleri de gözlenmekte olup, kalınlığı 50-3000 m arasında değişmektedir (Özçelik ve Öztaş, 2000) (Şekil 2.3).

Malboğazı kesitinde, Hacıhalil Formasyonu'nun çakıltaşı seviyelerinden sonra Yoncalı Formasyonu'nun ince orta katmanlı kumlu, çakıllı kireçtaşı ara bantlı türbiditik kumtaşı, şeyl ardalanmasına geçilmektedir. Birimi bu alanda tektonik olarak Kösedağ Melanjı üzerlemektedir (Şekil 2.4). Alt kesimlerinde önce derinleşen daha sonra da üste doğru sığlaşan bir istif olma özelliği gösteren birimden derlenen numunelerde belirlenen fosillerle birimin yaşı Alt-Orta Eosen aralığındadır (Özçelik ve Öztaş, 2000).

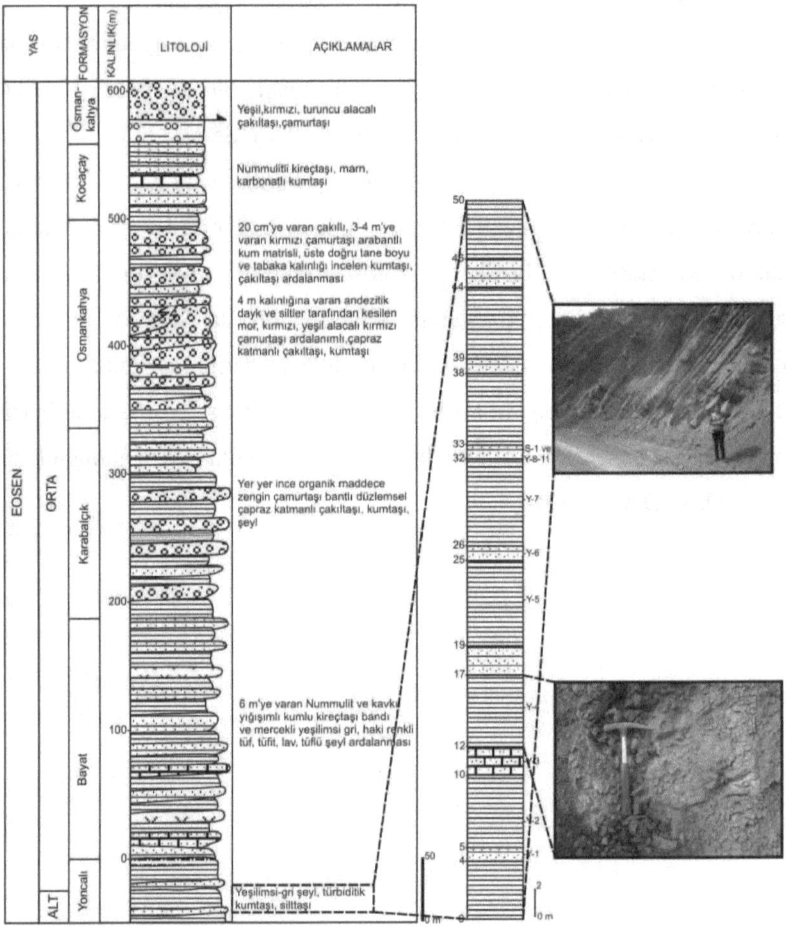


**Şekil 2.5** İnceleme alanında örnekleme yapılan Osmankahya ölçülü dikme kesiti

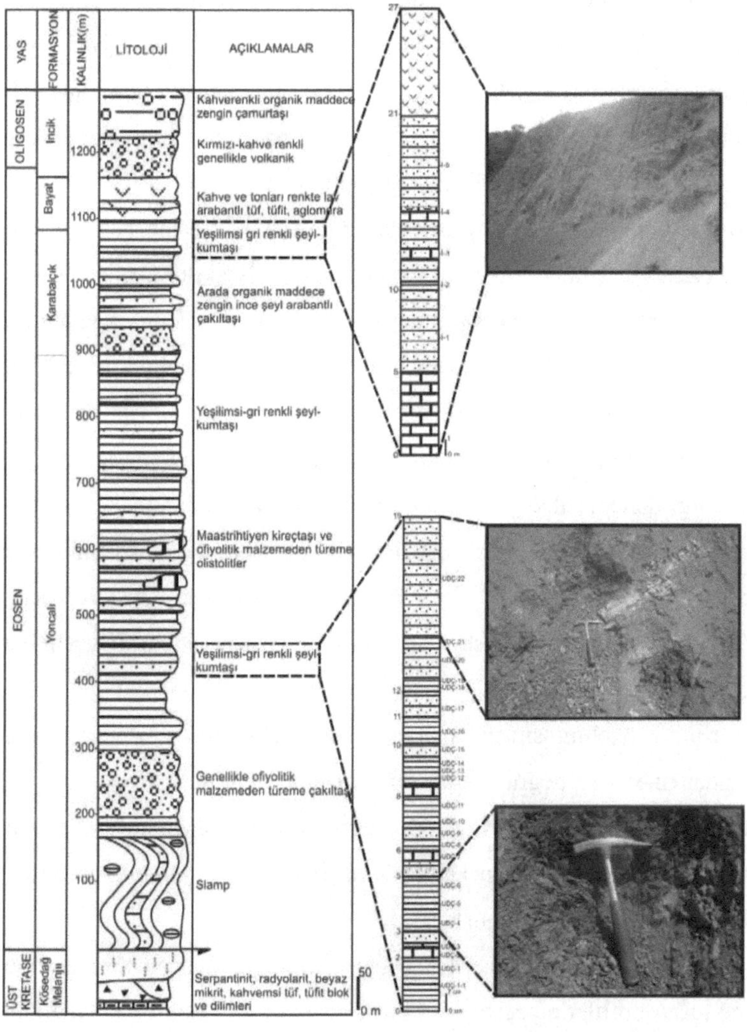


**Şekil 2.6** İnceleme alanında örnekleme yapılan Uğurludağ ölçülü dikme kesiti

## 2.3.11. Karabalçık Formasyonu

İlk defa Birgili vd. (1974) tarafından, Bayat kuzeyindeki Karakaya Mahallesinde "Karakaya Formasyonu" olarak adlandırılmıştır (Şekil 2.2).

Yoldaş vd. (1982)'de benzer adlandırma kullanmış, Dellaloğlu vd. (1992) tarafından ise bu adlandırmanın bölgede yaygın olarak bilinen Triyas Yaşlı Karakaya Formasyonu (Bingöl vd., 1973) ile karışmasını önlemek amacıyla Orta Eosen yaşlı Karakaya Formasyonu için Karabalçık Formasyonu olarak yeni bir adlandırma yapılmıştır.

Birim Orta Eosen'de havza kenarlarının yükselmesine bağlı olarak taşınan çakıltaşı, kumtaşı, yer yer de olistostromal çakıltaşı, olistolit gibi kaba malzemelerle, bunların arasında yer alan ve ekonomik düzeyde üretim de yapılabilen kömürlü seviyelerin ve Nummulit'li kumlu kireçtaşı ve ardalanmalı tüfitleri de içermekte, kalınlığı 100-400 m arasında değişmektedir (Şekil 2.3). Litoloji ve bölgenin tektono-stratigrafisinde temsil ettiği dönem itibariyle İzmir-Ankara-Sivas zonunda oldukça yaygın yüzlekleri gözlenen birimin çalışma alanının kuzeylerinde, alt kesimlerinde Yoncalı, üst kesimlerinde ise Bayat, Osmankahya ve Kocaçay Formasyonları ile yanal ve düşey yönde giriklik göstermektedir (Özçelik ve Öztaş, 2000) (Şekil 2.3).

Birimin çökelimi sırasında aktif olarak yükseldiği gözlenen havza kenarından merkeze doğru yoğun bir malzeme aktarımı gerçekleşmiştir. Sulakyurt kuzeyleri, Kızılırmak vadisine bakan kesimlerde Yoncalı Formasyonu üzerinde gelişen kaba çakıltaşları Kırşehir Bloğu'nun da bu dönemde yükseldiğini göstermektedir.

Karabalçık Formasyonu, Osmankahya kesitinde Yoncalı Formasyonu üzerine tüf ve tüfitlerle geçişli olarak başlayan ancak kesitin ölçüldüğü bu alanda fayla sınırlanan Bayat Formasyonu'nun üzerinde yer almaktadır. Bu kesitte denizel şeyl ve marnlarla girift şekilde gözlenen birim içerisinde ve üzerinde akarsular tarafından taşınmış yer yer kırmızı renklerde olabilen ve ayrılabildiği kesimlerde ayrı bir formasyon olarak tanımlanan (Osmankahya Formasyonu) çakıltaşları da bulunmaktadır (Şekil 2.5).

Uğurludağ ve civarında Yoncalı Formasyonu'nun üst kesimlerine doğru kalınlığı 100 metre olarak ölçülen Karabalçık Formasyon'unda ince kömür bantlarını da içeren ofiyolitik melanjdan gelen çakıltaşı seviyeleri yer almaktadır. Üste doğru tekrar şeyllerin hakim olduğu birim yanal ve düşey yönde Bayat Formasyon'una geçmektedir (Özçelik ve Öztaş, 2000) (Şekil 2.6).

Birim fosil içeriği ve stratigrafik durumuna göre Orta Eosen (Lütesiyen) yaşlıdır (Özçelik ve Öztaş, 2000).

### 2.3.12. Bayat Formasyonu

Birim, Ayan (1969) tarafından Çorum'a bağlı Bayat ilçesinden adını almıştır (Şekil 2.2). Volkanosedimanter bir istiften oluşan birim Orta Eosen'de başlayan ve çökelmeyle yaşıt volkanizmanın ürünü olan tüf, tüfit, aglomera ve lavlardan oluşmaktadır (Şekil 2.5 ve Şekil 2.6).

Osmankahya kesitinde güneydeki Yoncalı Formasyonu ile faylı dokanağa sahip Bayat Formasyonu'nun alt kesimlerinde şeyllerle ardalanan kahve ve yeşilin tonları renklerde tüf ve tüfitlerin yer aldığı gözlenir. Üste doğru 3-4 metre kalınlığında koyu renkli lavların gözlendiği istifte kalınlığı 1.5-2 metreye ulaşan Nummulitli ve iri kavkılı, kumlu, çakıllı, kireçtaşı bant ve mercekleri de bulunmaktadır. Birimin üzerine Karabalçık Formasyonu geçişli olarak gelmektedir (Şekil 2.5).

Kalınlığı kuzeydoğuya doğru artan ve yaklaşık 500 metreyi geçtiği düşünülen birimin güney ve batıya doğru inceldiği, hatta Uğurludağ civarında birkaç metre kalınlığında lav ve/veya tüf, tüfitlerle temsil edildiği gözlenmiştir (Şekil 2.6).

Şeyl, marn ve kireçtaşlarında bulunan fosillerden birimin yaşı Orta Eosen (Lütesiyen) olduğu belirlenmiştir (Özçelik ve Öztaş, 2000).

### 2.3.13. Gözkayası Daykları Üyesi

Birim özellikle Bayat doğusu, İskilip ve doğusundaki Kızılırmak vadisine kadar uzanan alan içerisinde yoğun olarak gözlenmektedir (Şekil 2.2).

Bayat Formasyonu bazalt yaygılarını besleyen veya onunla ilişkili olarak yaşlı birimleri sıcak dokanakla kesen bazik intrüzif baca veya yüzeye çıkamamış dayklarının tümü Özçelik ve Öztaş (2000), tarafından Gözkayası Daykları adı altında ve üye bazında adlandırılmıştır (Şekil 2.3).

### 2.3.14. Osmankahya Formasyonu

Tip kesiti Osmankahya civarında olan birim ilk kez Birgili vd. (1974) tarafından adlandırılmıştır.

Birim genel olarak kırmızı, yeşil alacalı çakıltaşı, kumtaşı ve bunlarla ardalanan çamurtaşlarından oluşmaktadır ve kalınlığı 170-250 m arasında değişmektedir. Alt dokanağı Karabalçık Formasyonu ile geçişli olan birim, alt kesimlerinde üste doğru kabalaşan ve 4 metreye ulaşan lav ara katkılarını da içermekte, üst düzeylere doğru incelen bir özellik sunarak Kocaçay Formasyonu'nun yeşilimsi gri renkli marnlarına geçiş göstermektedir (Özçelik ve Öztaş, 2000) (Şekil 2.3 ve Şekil 2.5).

Alt üst dokanak ilişkilerine dayanarak Orta Eosen yaşlı olduğu kabul edilen birim de iri kavkılı parçaları dışında yaş verecek fosile rastlanılmamıştır (Özçelik ve Öztaş, 2000).

### 2.3.15. Kocaçay Formasyonu

Birim, Birgili vd. (1974) tarafından Bayat kuzeybatısında adlandırılmıştır (Şekil 2.2).

Birim genel olarak bol fosilli kireçtaşı, marn ve karbonatlı kumtaşlarından oluşmakta olup, 65-350 m kalınlık sunmaktadır (Şekil 2.3).

Çalışma alanında sığlaşma ve buna bağlı fasiyes gelişiminin bir sonucu olarak Karabalçık, Bayat, Osmankahya Formasyonları ve İncik Formasyonu'nun alt kesimleri ile yanal ve düşey yönde geçişli olarak gözlenen birimin kalınlığı, Bayat'tan batıya doğru incelmekte daha doğrusu incelerek karasal birimlere (İncik Formasyonu'na) geçiş göstermektedir (Özçelik ve Öztaş, 2000).

Kocaçay Formasyonu'nun kireçtaşı, marn, şeyl litolojilerinden derlenen numunelerden belirlenen fosillere göre birimin yaşı Orta Eosen'dir (Özçelik ve Öztaş, 2000).

### 2.3.16. İncik Formasyonu

Birim ilk kez Aziz (1974) tarafından adlandırılmıştır. Çankırı Basenin'de sığ denizel litolojilerle girift olarak gözlenen kırmızı renkli karasal çökellerin oluşturduğu birim basenin güney kesimlerinde yaygın olarak yüzeylemektedir.

Alt dokanağı genellikle Kocaçay Formasyonu ile geçişli olarak gözlenen birim, basen kenarının topografyasına ve basenin dalmasıyla aşmalı olarak basen kenarına doğru ilerlemesiyle hem Kocaçay hem de daha yaşlı birimler üzerine açısal uyumsuzlukla da gelebilmektedir. Üst dokanağı ise Bayındır Formasyonu ile yanal ve düşey yönde geçişli olarak gözlenmektedir. İncik Formasyon'unda yaygın litoloji çakıltaşlarıdır. Kalınlığı ise 135-2000 m arasında değişmektedir (Özçelik ve Öztaş, 2000) (Şekil 2.3). Birimin yaşı alt dokanak dikkate alındığında Orta (?)-Üst Eosen, Oligosen olarak kabul edilmiştir (Özçelik ve Öztaş, 2000).

### 2.3.17. Bayındır Formasyonu

Formasyon ilk kez Dellaloğlu (1974) tarafından adlandırılmış olup, genel olarak jipslerden ve bunlarla ardalanan yeşilimsi, boz renkli marn, silttaşı, kumtaşlarından oluşmaktadır. Birimin alt dokanağı İncik

Formasyonu ile geçişlidir. Üst dokanağı Miyo-Pliyosen yaşlı formasyonlar tarafından açısal uyumsuzlukla örtülmektedir. Kırmızı, turuncu renkli çakıltaşı, kumtaşından oluşan İncik Formasyonu'nun üst kesimlerine doğru ardalanmaya açık renkli, ince çamurtaşı ve jips seviyelerinin girmesiyle Bayındır Formasyon'una geçilmektedir ve kalınlığı yaklaşık 1500 m' dir (Şekil 2.3). Birimin yaşı Üst Oligosen-Alt Miyosen'dir (Özçelik ve Öztaş, 2000).

### 2.3.18. Kızılırmak Formasyonu

Adını, basenin oluşumu sırasında ve günümüzde de oldukça önemli olan Kızılırmak nehrinden alan birim Aziz (1974) tarafından adlandırılmıştır.

İnceleme alanında tüm birimler üzerine açısal uyumsuzlukla gelerek, yanal ve düşey yönde Bozkır Formasyonuna geçiş göstermektedir. Birim genellikle kırmızı ve tonları, turuncu, yeşil, alacalı renklerdeki çakıltaşı, kumtaşı ve çamurtaşı gibi karasal çökellerden oluşmaktadır ve yaklaşık 100 m kalınlık sunmaktadır (Şekil 2.3). Aziz (1974) tarafından birim içerisinde yer yer gözlenen kömürlü seviyelerdeki fosillere göre Üst Miyosen yaşı verilmiştir (Özçelik ve Öztaş, 2000).

### 2.3.19. Bozkır Formasyonu

Birim ilk kez Aziz (1974) tarafından adlandırılmıştır. Birim, beyaz renkli genellikle ince tabakalı, jips ve bunlarla ardalanan yeşilimsi gri renkli marn, silttaşı, kumtaşı litolojilerinden oluşmakta ve 60-500 m arasında kalınlık sunmaktadır. Alt dokanağı Kızılırmak Formasyonu ile geçişli olan birimin üzerine Pliyosen yaşlı Değim Formasyonu ve Kuvaterner yaşlı çökeller açısal uyumsuzlukla gelmektedir (Özçelik ve Öztaş, 2000) (Şekil 2.3).

Özçelik (1974)' e göre yaşı Üst Miyosen-Alt Pliyosen'dir.

### 2.3.20. Değim Formasyonu

Aziz (1974) tarafından adlanan birim çalışma alanın kuzey kesimlerinde, Bayat batısında İncik, Ayvaca Köyleri kuzeylerinde küçük yüzleklerde ve havzanın orta kesimlerindeki düzlük alanlarında yüzeylemektedir (Şekil 2.2).

Alt dokanağı tüm birimlerle açısal uyumsuz olan birimin üzerine Kuvaterner çökelleri açısal uyumsuzlukla gelmektedir. Kalınlığı yaklaşık 30 m olan birim, yeşilimsi gri renkli çamurtaşı, kumtaşı ve çakıltaşlarından oluşmaktadır (Şekil 2.3). Birim Pliyosen yaşlıdır (Özçelik ve Öztaş, 2000).

### 2.3.21. Eski Alüvyon

Çalışma alanındaki tüm yaşlı birimleri açısal uyumsuzlukla örten çimentosuz, gevşek dokulu, köşeli veya az köşeli taneli, kötü boylanmalı genç sedimanlardan oluşmaktadır. İnceleme alanı içinde Bayat çayı doğu yamaçlarında gözlenmektedir. Kalınlğı 0-50 m arasındadır (Şekil 2.3). Yaşı muhtemelen Üst Pleistosen-Alt Kuvaterner' dir (Özçelik ve Öztaş, 2000).

### 2.3.22. Alüvyon

Gevşek tutturulmuş yamaç breşi, alüvyon ve toprak örtüleri bu gruba dahil edilmiştir. Kalınlık 0-20 m arasında olup, Kuvaterner-güncel yaş aralığındaki sedimanlardan oluşmaktadır (Özçelik ve Öztaş, 2000) (Şekil 2.3).

# 3. Kömür Jeolojisi Değerlendirmesi

İnceleme alanı kuzeydoğusunda yer alan Alpagut-Dodurga, Evlik ve İncesu sahaları içinde bulunan kömürler, özellikle hidrokarbon türetme potansiyellerinin belirlenebilmesi amacıyla incelenmiştir (Şekil 3.1). Bu alanda yapılan petrol jeolojisi kapsamlı öncel çalışmalarda özellikle Yoncalı, Yapraklı Formasyonları gibi sedimanter birimler incelenmiş ve diğer birimlerde detaylı analiz yapılmamıştır. İnceleme alanının batı ve orta kesimlerinde kaynak kaya potansiyeli açısından incelenen sedimanter kayaçlar olduğu kadar kömürlerin de hidrokarbon türetme potansiyellerinin olması nedeniyle bu kömür sahalarından da örnekleme yapılarak diğer örnekler ile benzer incelemelere tabi tutulmuştur. Bu nedenle bu havza için ilk kez kömürlerin hidrokarbon türüm potansiyelleri incelenerek, belirlenen petrol sızıntıları ile karşılaştırılmıştır.

Dünya'da özellikle 1950' li yıllardan itibaren kömür kökenli petrol ve gaz türetme potansiyeli üzerine önemli çalışmalar yapılmaktadır. Piroliz analizi gibi bazı laboratuvar incelemeleri sonucunda hümik özellikteki kömürlerin gaz türüm potansiyeli olduğu anlaşılmış ve çalışmalar bu alanda yoğunlaşmıştır (Durand ve Paratte, 1983; Espitalié vd., 1985, Kalkreuth vd., 1998). Petrol-kaynak kaya korelasyonları ve havza modelleme çalışmalarına göre Jura-Tersiyer yaş aralığındaki kömürlerin yüksek petrol türüm potansiyeli bulunmaktadır (Wilkins ve George, 2002). Aslında, petrol türümü tamamen kömürle ilgili değil daha çok kömürlü şeyllerle ilgili olduğu; Gipssland Havzası Üst Kretase-Tersiyer hümik kömürleri, Avustralya ve Endonezya Havzaları; Kuzey Hollanda'daki Groningen, Avustralya Cooper Deep Havzası, Batı Kanada Havzası gibi alanlardaki kömürlerin gaz türüm potansiyeli bulunduğu belirtilmiştir (Hunt, 1995). Türkiye'de var olan küçük yayılım alanlı ve rezervli kömür yatakları özel şirketler tarafından işletilmekle birlikte ekonomik ve endüstriyel anlamda kullanımları tükenebilir bir enerji kaynağı için yeterli değildir. İnceleme alanının da içinde bulunduğu Çankırı-Çorum Havzası'nda Tersiyer yaşlı birçok kömür oluşumu bulunmaktadır (Dodurga, İkizler, Evlik vb.). Bu alanlarda bulunan kömürler küçük ölçekli ve sürekli olmayan işletmelerde değerlendirilmektedir. Kömür örneklerinin incelendiği alan Çorum ilinin 30-40 km kuzeyinde ve Çorum iline bağlı Osmancık kazasının 15-20 km güney ve güneydoğusunda, kuzeyden güneye doğru, ortasından geçen Kızılırmak nehri ile ikiye bölünmüştür.

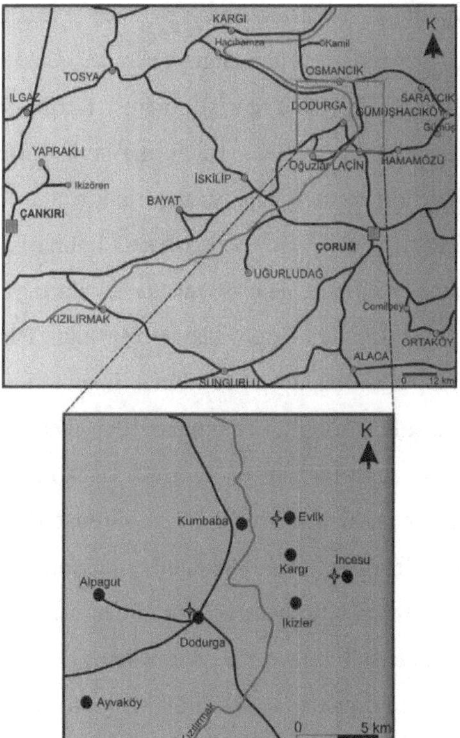


**Şekil 3.1** İnceleme alanındaki kömür sahalarını gösterir yer bulduru haritası; ✧ örnekleme yapılan kömür sahaları

Evlik, Kargı, İncesu ve daha güneyde yer alan ikizler kömür sahaları, Kızılırmak nehrinin doğu kesiminde, Kumbaba, Alpagut-Dodurga ve güneydeki Ayva sahaları ise batı kesiminde yer almaktadır (Şekil 3.1).

İnceleme alanı içerisinde Mesozoyik yaşlı ofiyolitler, Eosen yaşlı formasyonlar, Miyosen yaşlı Kızılırmak ve kömür içeren Dodurga Formasyonu, Pliyosen ve Kuvaterner yaşlı formasyonlar bulunmaktadır. Havzada Hacıhalil Formasyonu, üzerine Yoncalı, Karakaya Formasyonu, Narlı Volkanitleri (Eosen) gelmektedir. Alt Miyosen yaşlı formasyonlardan Kızılırmak Formasyonu, bu formasyonların üzerinde uyumsuzlukla bulunurken, Dodurga Formasyonu ve bazı alanlarda, Dodurga Formasyon'unun özellikle görülmediği yerlerde, Bozkır Formasyonu, Dodurga Formasyonu ile yanal geçişli olarak Kızılırmak Formasyonu üzerine gelmektedir (Yoldaş, 1982). Bu formasyonların üzerine Pliyosen yaşlı Büyükşeyhefendi Formasyonu, yamaç molozu ve Kuvaterner yaşlı alüvyonlar çökelmiştir (Şekil 3.2). Evlik sahası kömürleri alttan üste doğru ayrıntılı olarak incelendiğinde, genelde tabaka içi akma yapılarının yoğun olduğu, en altta bu yapılara bağlı olarak oluştuğu düşünülen, kömür toplarının bulunduğu ve özellikle de düren bantlarının hakim olduğu görülür. Evlik sahası kömürlerinin en alttaki killer üzerine kömür toplarını da içeren killi ve kıvrımlı bir birimin üzerinde daha çok düren litotipinin hakim olduğu ve hemen hemen her 10-15 cm'de ince (2-3 mm'lik) vitren bantçıklarının görülebildiği bir ardalanma bulunmaktadır. Dizilimin ortasında 25 cm'lik bir füzenli bant ve bunun üzerine de yaklaşık 1 m'ye yakın killi bir kömür seviyesi ve bunun üzerine de düren (10-15 cm) + vitren (2-3 mm) dizilimi gelmektedir. Evlik sahasının en üst kesimlerinde yaklaşık 1 m kalınlığında kırmızı renkli okside olmuş koyu renkli bir killi kömür ve bunun üstüne de yaklaşık 10-50 cm kalınlığında füzenlerin hakim olduğu okside kömürlü bir birim gelmektedir (Toprak, 1996).

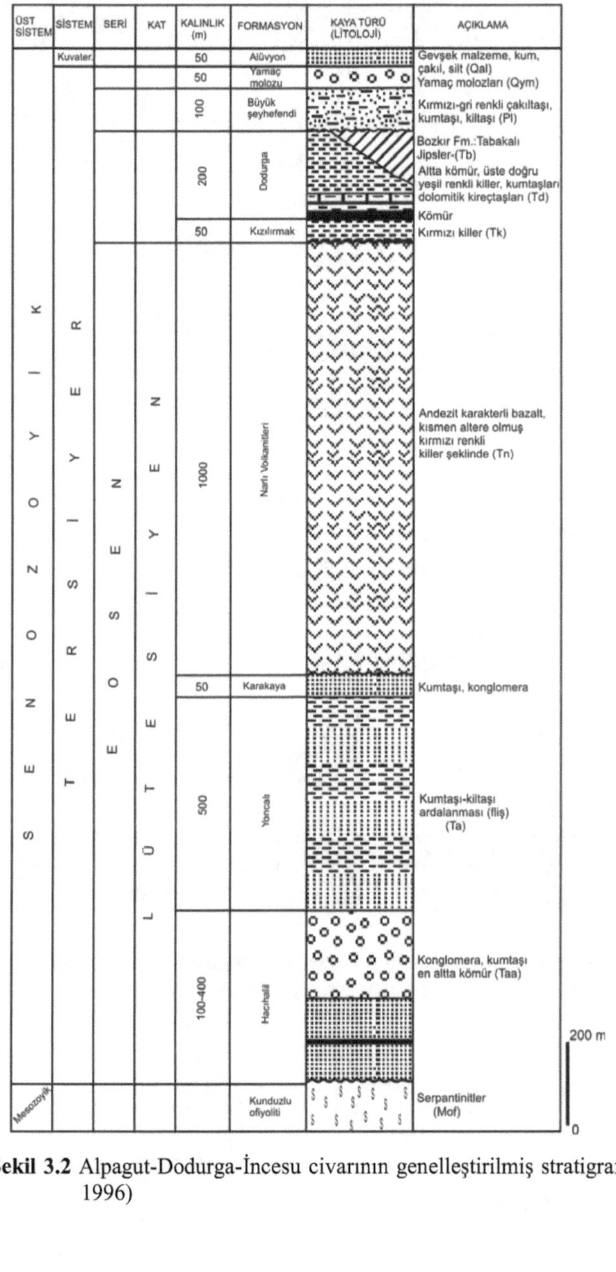


**Şekil 3.2** Alpagut-Dodurga-İncesu civarının genelleştirilmiş stratigrafik kesiti (Toprak, 1996)

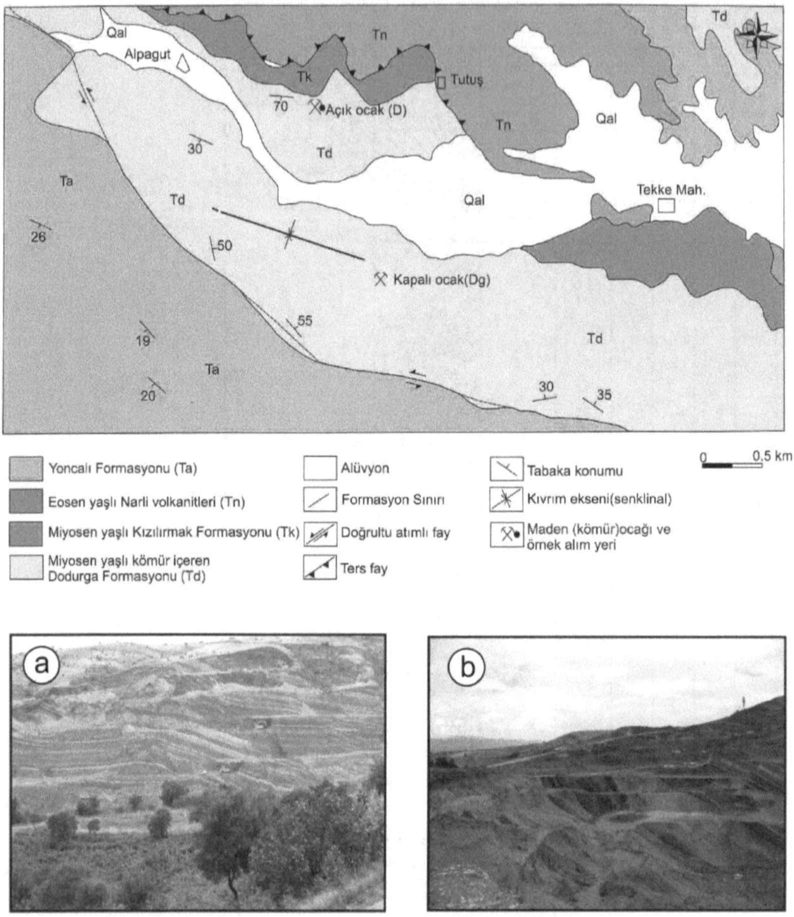


**Şekil 3.3** Alpagut-Dodurga kömür sahasının genel jeoloji haritası (Toprak, 1996) ve Alpagut-Dodurga kömür sahasının genel görünümü (sırasıyla a ve b)

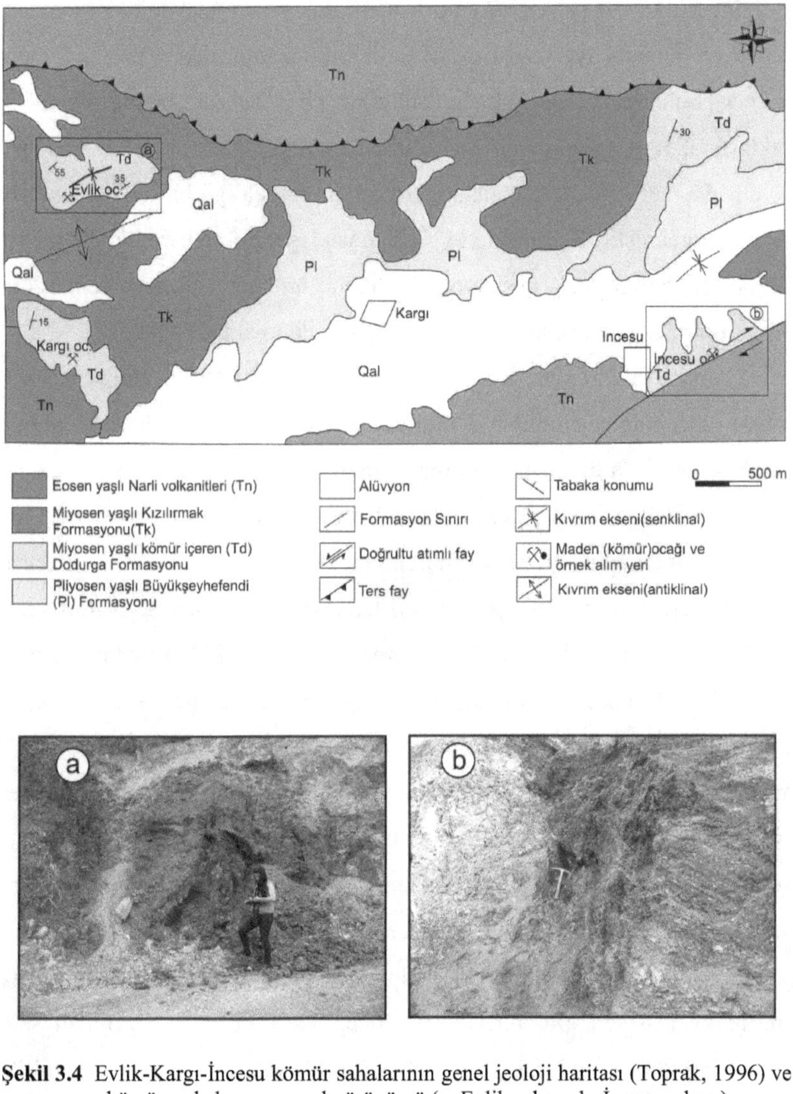


**Şekil 3.4** Evlik-Kargı-İncesu kömür sahalarının genel jeoloji haritası (Toprak, 1996) ve kömür sahalarının genel görünümü (a: Evlik sahası, b: İncesu sahası)

İncesu kömür sahası sahanın hemen güney ve güneydoğu kısmından geçen ve güneybatıya doğru uzanan, doğrultu atımlı, dike yakın bir fayın önünde bulunmaktadır. Kömür; en altta kil tabakası, bunun üzerinde yaklaşık 2.5 m kalınlığında olan dürence zengin (10-15 cm'lik bantlar) kömür ve hemen kil arakatkısı tabakalarının geldiği bir ardalanmadan meydana gelmiştir. Bu birimlerin üzerine yaklaşık 3-4 m kalınlığında kil ve silt, 40 cm kalınlığında okside olmuş, tozlu görünümlü füzence zengin bir killi kömür, en üstte de kil, kum, çakıl istifi bulunmaktadır.

Çalışma alanın en önemli kömür sahası Alpagut-Dodurga kömür sahası olup kömür kalınlığı 13 m civarındadır. Alpagut köyü ve Dodurga kasabası arasında bulunan Dodurga Formasyonu'nun en geniş yayılımının olduğu bu bölge, en sert ve en kaliteli kömürü içermektedir. Kömür en alttaki killer üzerine 1 m'lik sert dürenli mat bir seviye ile başlamakta, daha sonra yukarıya doğru yaklaşık 2 m bir kalınlıklı çok az kömür içeren, ince tabakalı yeşil renkli kiltaşı ve bunun üzerine de gelen 25 cm'lik bir kumtaşı seviyesi ve 40 cm'lik az kömürlü bir yeşil kil seviyesi gelmektedir. Daha sonra üst seviyelerde 60 cm'lik bir mat dürenli seviye ve bunun üzerine 1 m'lik killi bir kömür seviyesi bulunmaktadır. Bu seviyenin üzerine çoğunlukla dürence hakim, ortasında killi seviyelerin bulunduğu bir seviye ve daha sonra yaklaşık 5 m kalınlıkta kısmen füzenli ama yarı parlak, yarı mat, nispeten tozlu bir kömür seviyesi izlenmektedir. Üstünde 1 m'lik yarı parlak dürence zengin bir seviye gelmektedir. Bu seviyeninde üzerine 30 cm'lik kısmen sert killi bir seviye, 50 cm'lik killi, köşeli kırılmalı sert dürenli bir kömür seviyesi, 20 cm'lik bir sert kumtaşı arakatkısı, 60 cm'lik dürenin hakim olduğu ve ince (3-4 mm) vitren bantçıklarının da aralarında görüldüğü bir kömür seviyesi ve en üstte de bir bitümlü kil ve silttaşı seviyesi gelmektedir (Toprak, 1996).

### 3.1. Kömürlerin Paleoortam Özellikleri

Bölgedeki kömür sahalarını oluşturmuş bir bataklık ortamının organik maddelerinin gömüldükten sonra, çok değişik etkenlere maruz kaldığı tahmin edilmektedir. Bu etkenlerin başında tektonizma ve Kızılırmak Nehri'nin yatağını aşındırması gelmektedir. Büyük bir organik birikim, Kızılırmak Nehri'nin yatağını aşağıya doğru aşındırmasıyla, havza Kızılırmak'ın geçtiği kesimden itibaren muhtemelen kuzeyden güneye doğru ikiye bölünmüştür. Doğrultu atımlı fayların, bu yarılmış kesimden itibaren fayların atım yönlerine doğru, özellikle doğu ve batıya doğru atıldıkları ve zamana bağlı olarak da, bu kesimlerin daha önce değinildiği gibi, sıkışmalara ve kıvrımlanmalara maruz kaldığı tahmin edilmektedir. Doğu ve batı kesimlerde bulunan ve birbirinden faylarla uzaklaştırılmış sahaların, güneyden kuzeye doğru da küçük ölçekte akarsular tarafından parçalara bölündüğü ve bu nedenle de çalışma alanındaki kömür sahalarının birbirinden uzak, ayrı birer havza oluşturduğu izlenimi de edinilmektedir (Toprak, 1996). Göl bataklıklarında oluşan organik maddeler karasal detritiklerle örtülerek, çökelme sonrası tektonik hareketlere ve akarsu aşındırmalarına maruz kalmış daha sonra da tektonik hareketlerin devam etmesi ile tabaka içi kıvrımlaşma ve sıkışmalar oluşmuş, havza olasılıkla bugünkü şekline kavuşmuştur. Bölgede en kalın kömürler, organik birikimin en yoğun olduğu ve karasal kesimin hakim olduğu tahmin edilen güney ve güney batı kesimlerinde yer almaktadır. Kömürleşme derecelerinin en yüksek olduğu kesimler, tektonizma etkisinin muhtemelen en fazla olduğu havzanın güney batısı yani Alpagut-Dodurga bölgesi ve civarıdır (Toprak, 1996).

## 4. Veri ve Yöntem

Tez çalışmasının ilk aşamasında aynı bölge ve yakın civarda yapılan araştırmaların taraması yapılmıştır. Bölgede daha önce yapılmış olan jeoloji haritalarından da faydalanılarak, 1/25.000 ölçekli topoğrafik haritalar kullanılmış ve litolojik birimler arazide gözden geçirilmiştir.

Bilindiği gibi hidrokarbon kaynak kayası olarak dünyada ve ülkemizde karbonatlar ve şeyller büyük önem taşımaktadır. İnceleme alanı olarak belirlenen Çankırı-Çorum Havzası'nda yer alan, özellikle önceki jeolojik amaçlı çalışmalarda geniş yüzey alanları ve kalın bir istif olması nedeniyle araştırmacılık açısından ilgi çeken Tersiyer yaşlı karbonat ve şeyller detaylı olarak örneklenmiş, bu örneklerde organik jeokimyasal analizler yaptırılarak elde edilen veriler havzada yapılan jeofizik ölçüm verileri/yorumları ile karşılaştırılmıştır. İnceleme alanında 3 adet ölçülü dikme kesit yapılmış, bu kesitlerden toplam 72 adet örnek derlenmiştir. Analizlerde özellikle şeyl örnekleri değerlendirilmekle birlikte, marn, kiltaşı ve hatta kömürlü seviyelerden alınan örneklerde de aynı analizler uygulanmış, dolayısıyla bu alanda kaynak kaya özelliği sunabilecek tüm birimler gözden geçirilmiştir. Derlenen örneklerden organik jeokimyasal analizler kapsamında, Toplam Organik Karbon (TOC), Rock-Eval Piroliz analizi, Kolon Kromatografi, Gaz Kromatografi (GC), Gaz Kromatografi-Kütle Spektrometre (GC-MS) analizleri ile organik petrografik değerlendirmeler için 30 adet örnek, GC-IRMS analizi için 2 örnek ve vitrinit yansıma ölçümleri için ise 16 adet örnek incelenmiştir.

Kaynak kaya değerlendirmelerinin yanı sıra petrol araştırmalarında havza modellemesi oldukça önemli olup, bu kapsamda jeolojik verilerin yanısıra birçok jeofizik yöntemin bir arada kullanılması, daha sağlıklı sonuçların elde edilmesini sağlamaktadır. Gravite yöntemi kullanılarak yapılan havza modellemesinde, havza dolgusu ve havza temeli arasındaki yoğunluk kontrast değeri önemli bir parametredir. Sedimanter havzalarda, havza dolgusunu oluşturan birimlerin yoğunlukları, havzanın temelinde yer alan birimlerin yoğunluklarından daha düşük olmaktadır. Yoğunluk kontrastı değerinin belirlenmesi için yüzeyden ve kuyu içinden yapılan sismik çalışmalardan da yararlanılır. Sismik hızlar kullanılarak yoğunluk değerlerinin hesaplanması havza modellemesinde özellikle de hidrokarbon arama çalışmalarında yaygın olarak kullanılan bir yöntemdir. Ayrıca havzada yüzeyleyen birimlerden alınan el numunelerinin yoğunluklarının laboratuvarda ölçülmesi ile yoğunluk kontrastı değeri daha sağlıklı bir şekilde tespit edilebilmektedir.

Bu çalışmada, Çankırı-Çorum Havzası'nda TPAO tarafından elde edilen sismik yansıma kesitleri ile yine TPAO tarafından açılmış olan iki adet kuyu verisi Petrol İşleri Genel Müdürlüğü'den sağlanarak gerekli değerlendirmeler yapılmıştır. Ayrıca çalışma kapsamında jeofizik veri olarak MTA Genel Müdürlüğü'nden satın alınan gravite ve havadan manyetik veriler ile modelleme çalışmaları yapılmıştır. Sismik verilerin kontrolünde, jeolojik bilgilerden ve kuyu verilerinden faydalanılarak, havzanın iki buçuk boyutlu gravite modelleri oluşturulmuştur. Böylece, ilk kez Çankırı-Çorum Havzasına ait çok sayıda veri bir arada kullanılmış ve toplanan kayaç örneklerinden de organik jeokimyasal analizler yaptırılarak derinlik modelleri ve analiz sonuçları birlikte değerlendirilmiş, çalışma alanının hidrokarbon potansiyeli ile ilgili bir değerlendirme yapılmaya çalışılmıştır.

### 4.1. Jeofizik Veri

Çankırı-Çorum Havzası'nın modellenmesi için kullanılan gravite ve havadan manyetik verileri MTA Genel Müdürlüğü'nden, Topuzsaray-1 ve

Sağpazar-1 kompozit kuyu logları ve havzada yapılmış olan sismik yansıma kesitleri ise Petrol İşleri Genel Müdürlüğü (PİGM)' den sağlanmıştır.

### 4.1.1. Gravite verisi

Kullanılan gravite verileri, 1 km grid aralıklı olarak Maden Tetkik ve Arama (MTA) Genel Müdürlüğü'nden alınmıştır. Bu verilerle ilgili olarak gerçekleştirilen arazi çalışmaları ve bu çalışmalar sonucu elde edilen gravite değerlerine yapılan tüm düzeltmeler MTA Genel Müdürlüğü Jeofizik Etüdleri Dairesi tarafından gerçekleştirilmiştir.

Gravite istasyonlarının yerleri ve yükseklikleri MTA Jeodezi Dairesi tarafından 1/25.000 ölçekli topoğrafik haritalardan belirlenmiştir. Gravite değerleri, Uluslararası Jeodezi ve Jeofizik Birliği'nin 1971'de kabul ettiği Potsdam 981.260.00 mGal kesin gravite değeri ile bağlantılı olan MTA ve Harita Genel Komutanlığı baz istasyonlarına bağlanmıştır. Gravite verilerine MTA Genel Müdürlüğü Jeofizik Etütleri Dairesi tarafından sırasıyla enlem, Bouguer, topoğrafya ve gel-git düzeltmeleri uygulanmıştır. Düzeltmelerle ilgili detaylı bilgi ve bu veriler kullanılarak oluşturulmuş olan 10 km grid aralıklı Bouguer gravite haritası, Ateş vd. (1999) tarafından verilmektedir. Gravite anomalileri 2.67 g/cm$^3$ yoğunlukla hazırlanmıştır (Şekil 4.1). Fakat bu yoğunluk değerinin nispeten sığ sayılabilecek havza modellemeleri için büyük bir değer olması nedeniyle topoğrafya düzeltmesinde kullanılan 2.4 g/cm$^3$ yoğunluk değerine göre gravite verileri tekrar düzenlenmiştir. Çalışma alanına ait 3 mGal aralıklarla konturlanmış gravite anomali haritası Şekil 4.3' de verilmiştir.

Gravite anomali haritası incelendiğinde, özellikle Bayat ve İskilip'in batısında kalan bölümde, GB-KD uzanımlı olarak, çevredeki yapılara oranla daha yüksek gravite anomali değerlerinin yer aldığı gözlenmektedir.

Şekil 2.2' de verilen genelleştirilmiş jeoloji haritası ile karşılaştırma yapıldığında, bu hat boyunca çoğunlukla yüksek yoğunluklu Eosen yaşlı volkanik kayaçların yer aldığı dikkati çekmektedir. Eosen volkaniklerinin gösterdiği gravite anomali değerlerine göre, volkaniklerin güneyinde kalan bölümlerdeki düşük anomali değerleri ise karasal çökellerle temsil edilmektedir. Ayrıca Kızılırmak güneyinde K-G uzanımlı olarak çevredeki yapılara oranla daha yüksek gravite anomali değerlerine, yüzey jeolojisinde gözlemlenen Mesozoyik yaşlı ofiyolitler neden olmaktadır. Uğurludağ batısında Sağpazar-1 kuyusunun bulunduğu yerde düşük anomali değerleri dikkati çekmektedir ve bu düşük anomalilere havzada gözlenen Eosen-Oligosen yaşlı karasal çökellerin sebep olduğu açıkça gözlenmektedir. Ayrıca Yapraklı batısında GB-KD uzanımlı olarak ofiyolitlerin neden olduğu yüksek gravite anomali değerleri, doğusunda ise yine GB-KD uzanımlı olarak havzadaki karasal çökelleri temsil eden düşük gravite anomali değerleri gözlenmektedir. Yine aynı şekilde ofiyolitlerin neden olduğu yüksek gravite anomali değerleriyle Eldivan ve batısı kolaylıkla ayırt edilmektedir.

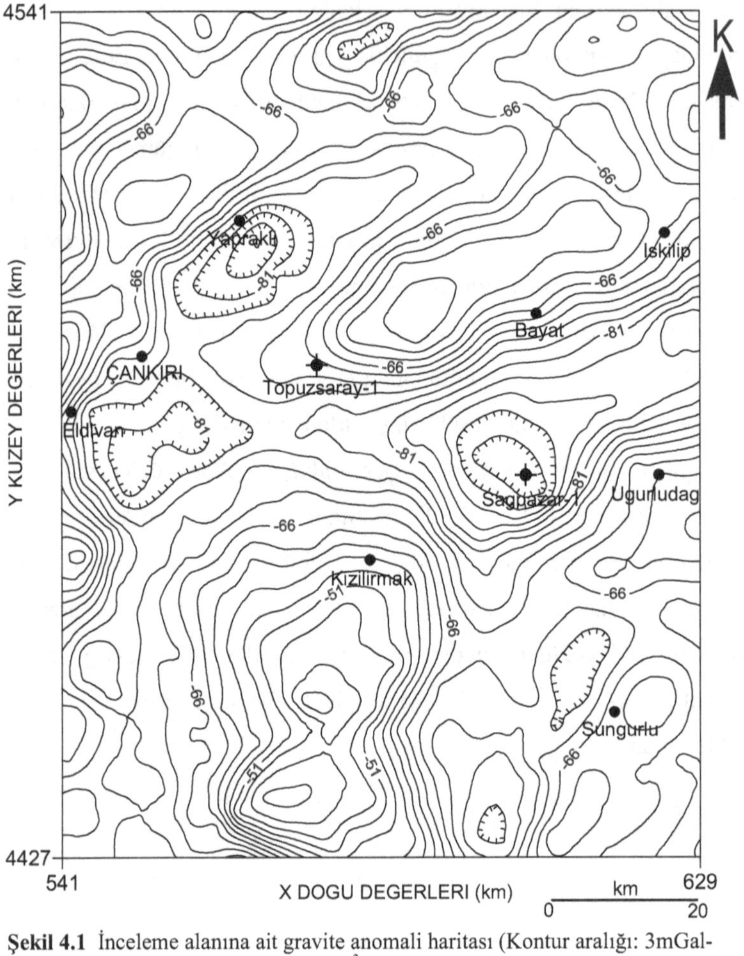


**Şekil 4.1** İnceleme alanına ait gravite anomali haritası (Kontur aralığı: 3mGal- Yoğunluk değeri: 2.67 g/cm$^3$)

#### 4.1.1.1 Alçak Geçişli Süzgeç Yöntemi

Sığ ve derin kaynaklı anomalileri veriden ayıklamanın bir yolu süzgeçlemektir. Bu yöntemde frekans ortamında seçilen bir kesme frekansına göre veriden istenen kısım atılabilir. Süzgeçleme işlemi, frekans ortamında Fourier dönüşümü ile elde edilen süzgeç katsayılarının, gravite veya manyetik verinin Fourier dönüşümünün çarpımı esasına dayanır. Frekans ortamında iki fonksiyon birbiri ile çarpılabiliyorsa zaman ortamında bu iki fonksiyon arasında konvolüsyon işlemi uygulanabilir.

$$G(x,y) = F(x,y) * H(x,y) \qquad [1]$$

G(x,y)= İstenen çıkış (yani filtre edilmiş) fonksiyonu,

F(x,y)= Filtre fonksiyonu,

H(x,y)=Giriş fonksiyonudur (gravite ve ya manyetik veri)

Her iki tarafında Fourier transformu alınarak,

$$g(k_x,k_y) = f(k_x,k_y)h(k_x,k_y) \qquad [2]$$

elde edilir.

Alçak geçişli süzgeç için

$$f(k_x,k_y) = \begin{cases} 0, & \text{diger durumlarda} \\ 1, & 0 - \text{k c} \end{cases} \qquad [3]$$

*kc* kesme frekansıdır ve güç spektrumundan elde edilir. Şekil 4.2 'de ideal alçak geçişli bir süzgeç görülmektedir.

Alçak geçişli süzgeçler, seçilen frekansın (*kc*) daha altındakileri geçiren, diğerlerini süzen bir süzgeç türüdür. Bu, küçük değişimleri süzüp, derin etkileri ortaya çıkarmak için uygulanır.

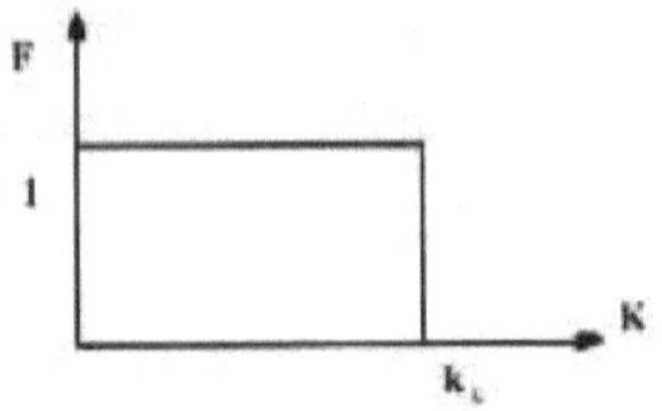


**Şekil 4.2** Alçak geçişli süzgeç.

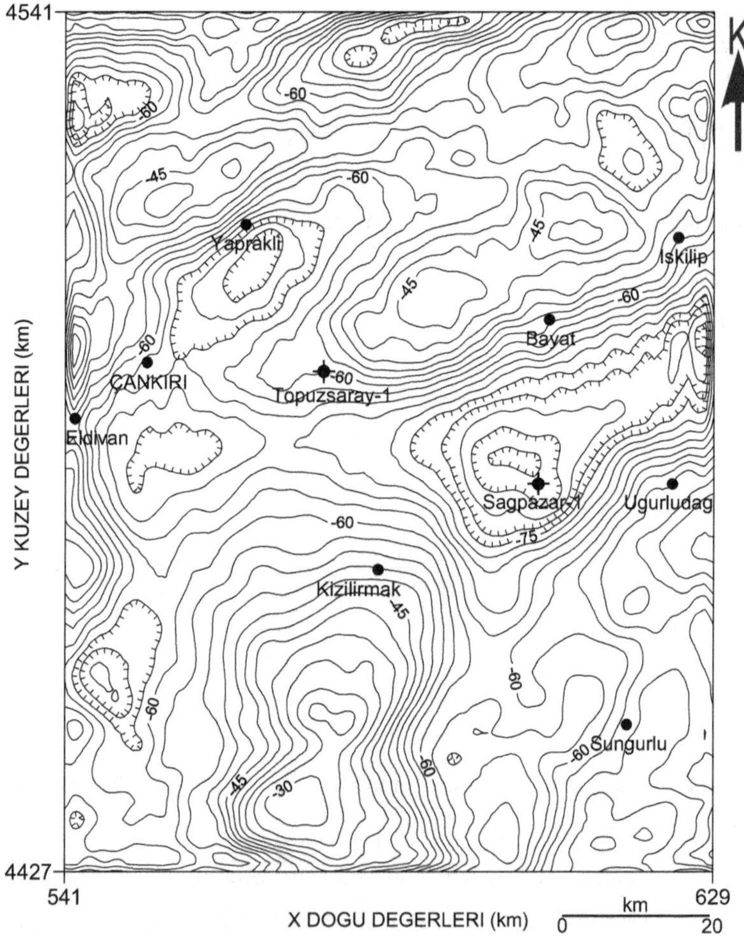


**Şekil 4.3** İnceleme alanına ait gravite anomali haritası (Kontur aralığı: 3mGal- Yoğunluk değeri: 2.4 g/cm$^3$)

### 4.1.2. Havadan Manyetik Veri

Havadan manyetik verileri, radar altimetre kontrolündeki 2 km uçuş hattı aralıklı ve yer yüzeyinden 600 m yükseklikte olan, kuzey-güney yönlü profiller doğrultusundaki yer manyetik alanı toplam bileşeni ölçümleri ile MTA Genel Müdürlüğü Jeofizik Etüdleri Dairesi'nden elde edilmiştir.

Elde edilen verilere, günlük değişim ve yön hatası düzeltmeleri yapılmış olup veriler 1995 yılındaki manyetik alan değerine indirgenmiştir. "International Geomagnetic Reference Field - IGRF" değerleri Baldwin ve Langel (1993) tarafından yazılan bir bilgisayar programı kullanılarak veriden uzaklaştırılmıştır. Çalışma alanına ait 50 nT kontur aralıklı havadan manyetik anomali haritası Şekil 4.4' de verilmiştir.

Manyetik anomali haritası incelendiğinde, havzayı oluşturan Tersiyer çökellerin düşük manyetik şiddetli birimlerden oluştuğu gözlenmektedir. Şekil 2.2'de verilen genelleştirilmiş jeoloji haritası ile karşılaştırma yapıldığında, Yapraklı batısında kalan bölgede gözlenen yüksek manyetik anomali değerlerinin, bölgede bulunan ofiyolitik kayaçlarla ilişkili olduğu görülmektedir. Ayrıca Kızılırmak'ın güney bölümünde yüzeyleyen ofiyolitlerin bulunduğu kısımdaki yüksek anomali değerleri haritadan kolaylıkla gözlenmektedir. Düşük manyetik anomali değerlerinin jeoloji haritasında çoğunlukla Tersiyer yaşlı sedimanter çökellerin bulunduğu bölgelerde olduğu görülmektedir.

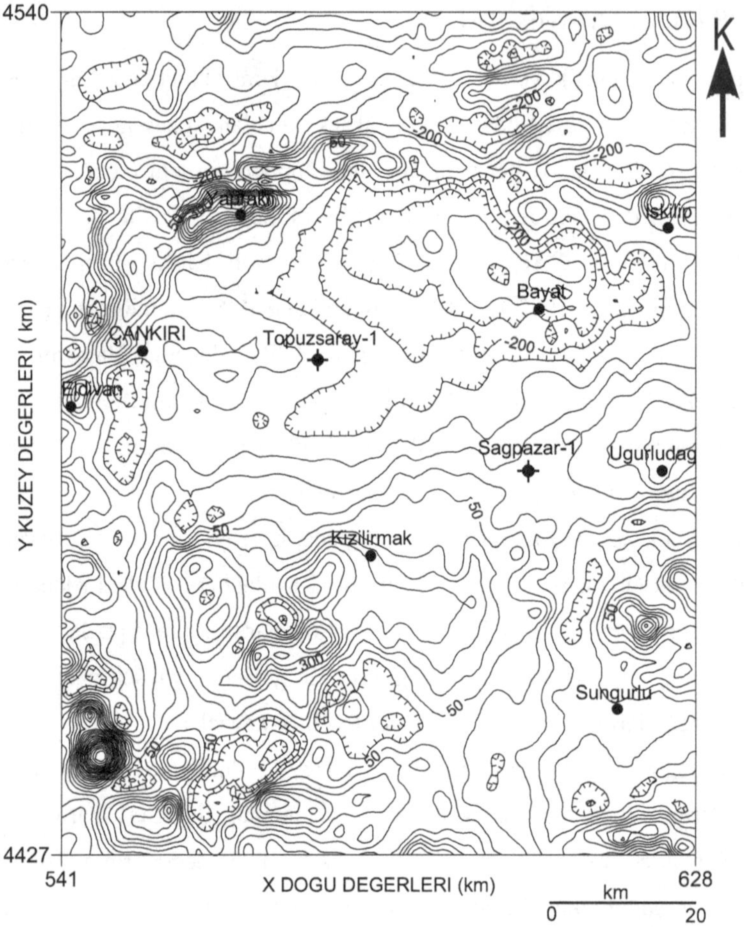


**Şekil 4.4** İnceleme alanına ait havadan manyetik anomali haritası (Kontur aralığı: 50 nT)

### 4.1.3. Sismik Veri

Çankırı-Çorum Havzası'nda 1988-1995 yılları arasında yapılmış olan ve Türkiye Petrolleri Anonim Ortaklığı tarafından gerçekleştirilen sismik yansıma çalışmalarına ait kesitler Petrol İşleri Genel Müdürlüğü'nden alınmıştır. Türkiye Petrolleri Anonim Ortaklığı tüm sismik yansıma çalışmalarında enerji kaynağı olarak dinamit ve vibrator kullanırken, çalışmalarda kullandıkları kayıt cihazının kanal sayısı 240'dır. Çalışma alanında yer alan sismik hatların yerleri Şekil 4.5'de, değerlendirmeye alınan sismik kesitlere ait veri toplama parametreleri Çizelge 4.1'de verilmektedir.

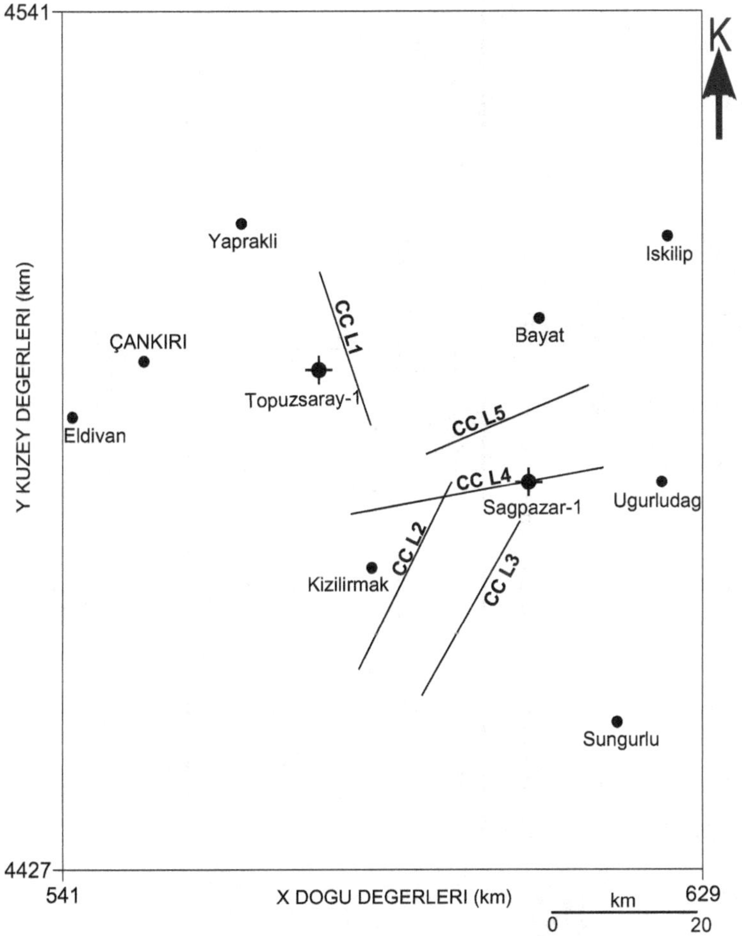


**Şekil 4.5** İnceleme alanında yer alan sismik yansıma hatlarının yerleri

**Çizelge 4.1** Çalışma alanındaki sismik kesitlere ait genel bilgiler

| Sismik Hat | Yıl | Uzunluk (km) | Kaynak | Kanal Sayısı | Kayıt uzunluğu (s) | Katlama (Fold) | İstasyon aralığı | Örnekleme Aralığı | Atış aralığı (m) |
|---|---|---|---|---|---|---|---|---|---|
| CC L1 | 1988 | 21.3 | Dinamit | 240 | 5 | 30 | 25 | 4 | 100 |
| CC L2 | 1995 | 27.8 | Vibrator | 240 | 5 | 60 | 25 | 2 | 50 |
| CC L3 | 1995 | 26.5 | Vibrator | 240 | 5 | 60 | 25 | 2 | 50 |
| CC L4 | 1995 | 35.1 | Vibrator | 240 | 5 | 60 | 25 | 2 | 50 |
| CC L5 | 1995 | 24 | Vibrator | 240 | 5 | 60 | 25 | 2 | 50 |

### 4.1.4. Kuyu Verisi

Çankırı-Çorum Havzası'nda TPAO tarafından Sağpazar-1 ve Topuzsaray-1 olmak üzere iki kuyu açılmıştır. Kompozit kuyu logları Petrol İşleri Genel Müdürlüğü'nden temin edildikten sonra her iki kuyu için stratigrafik dikme kesitleri hazırlanmıştır.

#### 4.1.4.1. Sağpazar-1 Kuyusu

Çankırı Havzası'nın doğusunda 1997 yılında 3700.00 m derinliğinde açılmıştır. Kuyuda yüzeye yakın derinliklerde Bayındır Formasyonu, 158.00 metrede ise İncik Formasyonu kesilmiştir. Bayındır Formasyonu'nun kalınlığı 158.00 metre olmakla beraber, İncik Formasyonu'nun kalınlığı 3542.00 metredir. Kuyu 3700.00 metrede tuz seviyesi geçilirken sonlandırılmıştır ve kesilen son birim İncik Formasyonu'dur (Şekil 4.6 ve 4.7).

Sağpazar-1 kuyusunda jeofizik kuyu logu ölçüleri de alınmıştır. Şekil 4.8'de verilen kuyu logu grafiğinde doğal gama ışıması ve sonik log değişimleri görülmektedir.

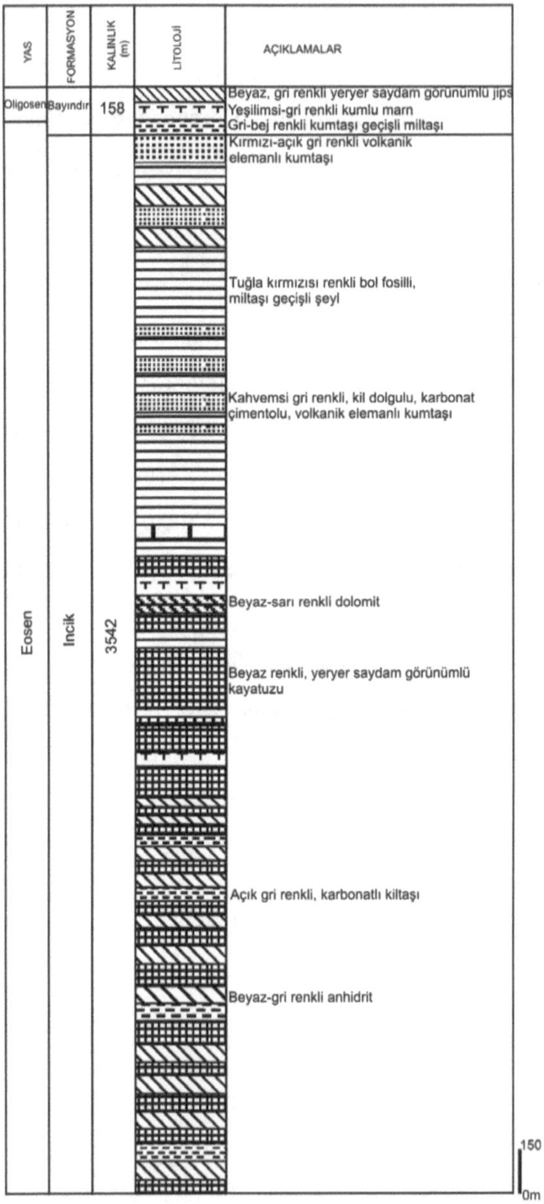


**Şekil 4.6** Sağpazar-1 kuyusu genelleştirilmiş stratigrafik dikme kesiti

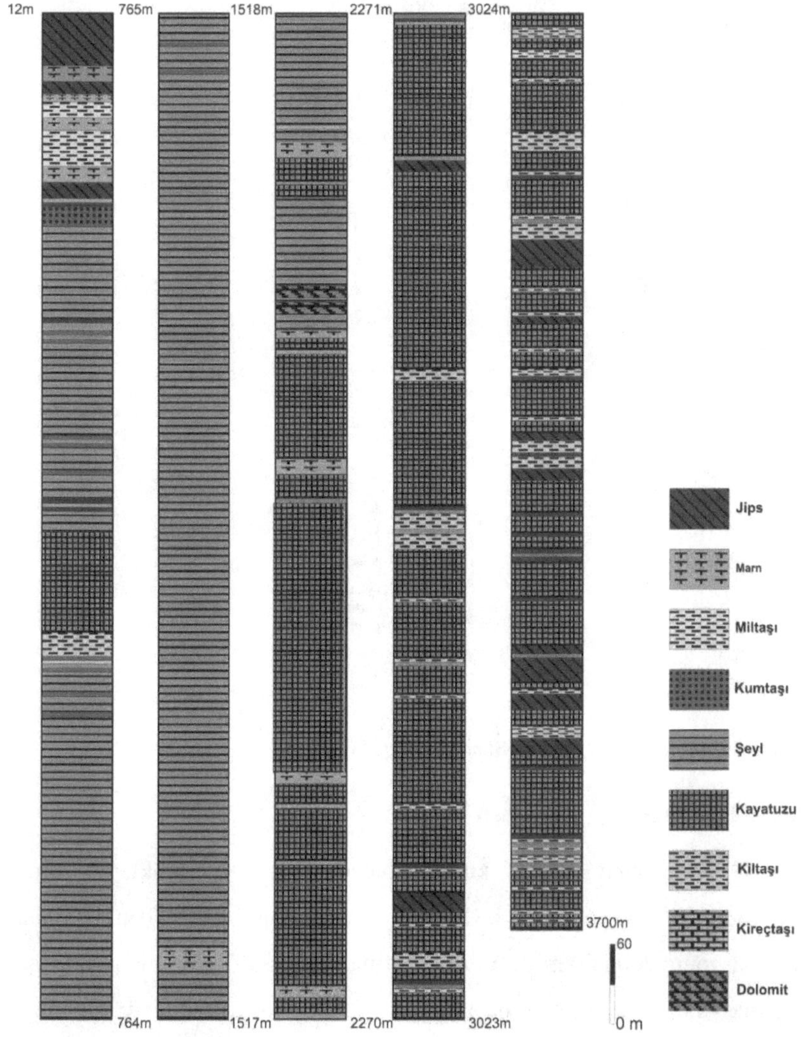


**Şekil 4.7** Sağpazar-1 kuyusu ayrıntılı stratigrafik dikme kesiti

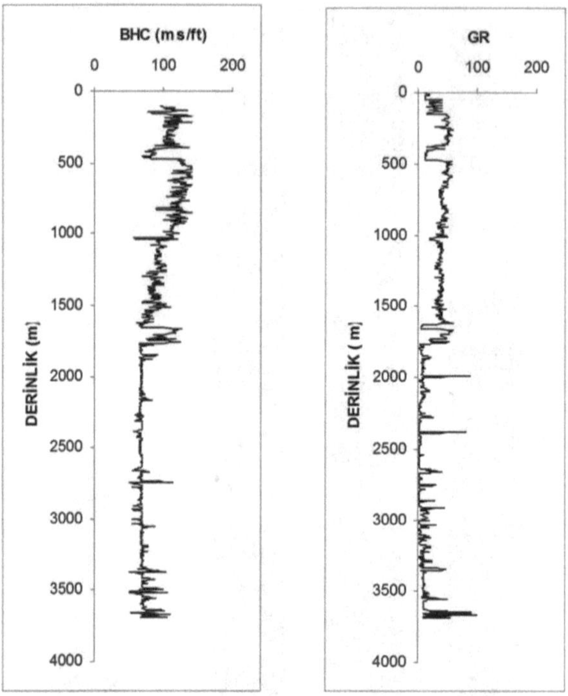


**Şekil 4.8** Sağpazar-1 kuyusunda Sonik ve Gamma Ray logları

### 4.1.4.2 Topuzsaray-1 Kuyusu

1992 yılında açılan kuyuda yüzey yakın derinliklerde İncik Formasyonu, 733.00 metrede Kocaçay Formasyonu, 929.00 m'de Bayat Formasyonu, 2006.50 m'de Yozgat Formasyonu, 2907.00 m'de Malboğazı Formasyonu ve 3090.00 m'de Yaylaçayı Formasyonu kesilmiştir. Bu kuyu, 3566.00 m'de Üst Kretase birimlerinde sonlandırılmıştır (Şekil 4.9 ve 4.10).

Topuzsaray-1 kuyusunda jeofizik kuyu logu ölçüleri de alınmıştır. Şekil 4.11'de verilen kuyu logu grafiğinde doğal gama ışıması ve sonik log değişimleri görülmektedir.

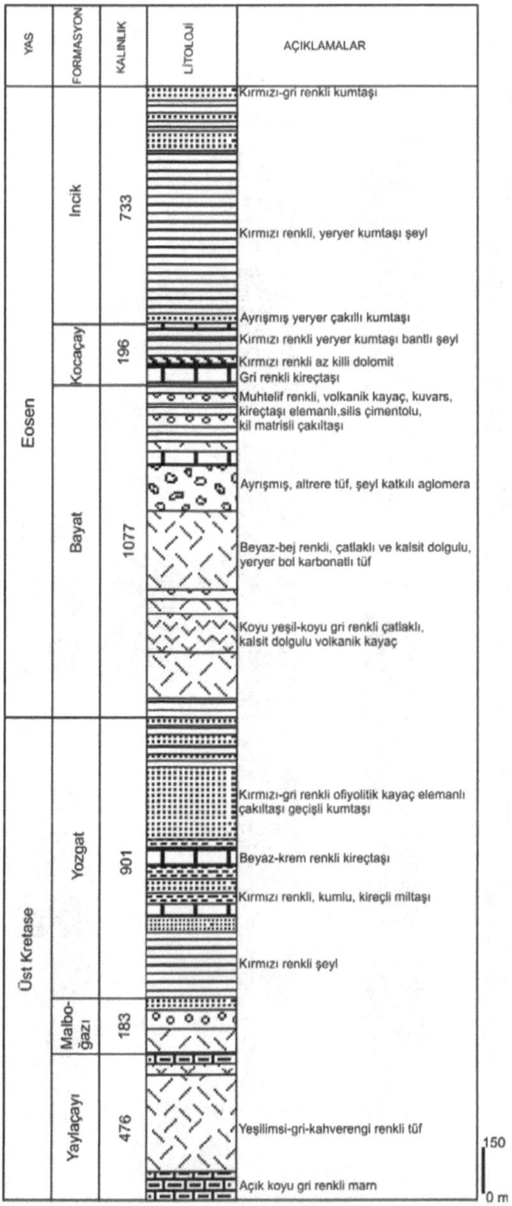


**Şekil 4.9** Topuzsaray-1 kuyusu genelleştirilmiş stratigrafik dikme kesiti

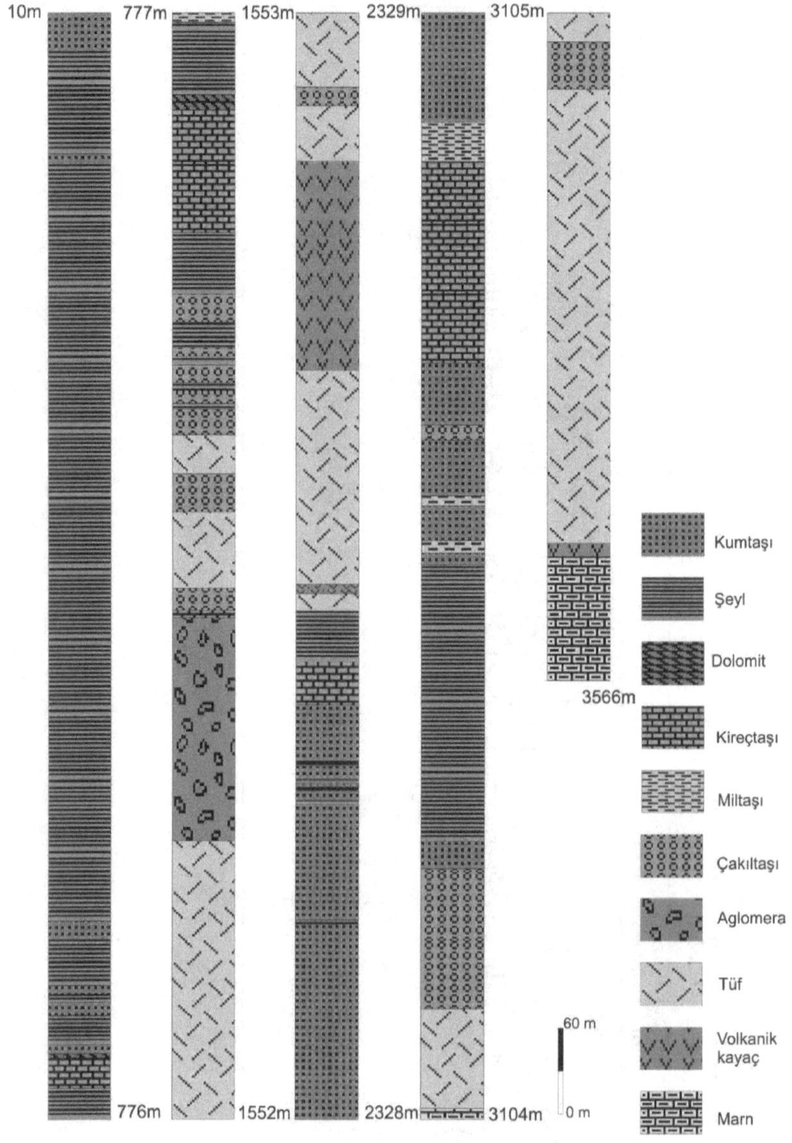


**Şekil 4.10** Topuzsaray-1 kuyusu ayrıntılı stratigrafik dikme kesiti

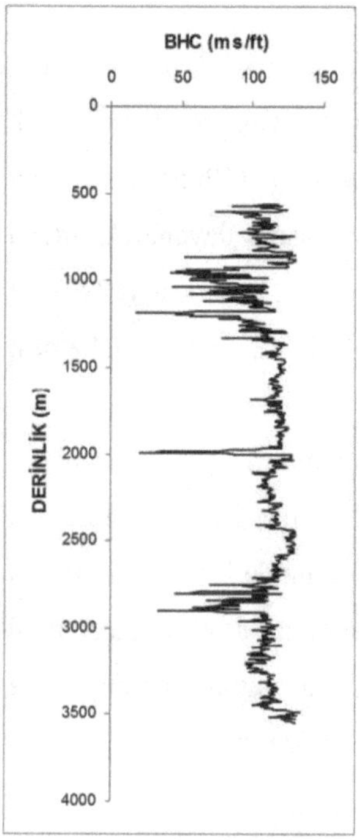


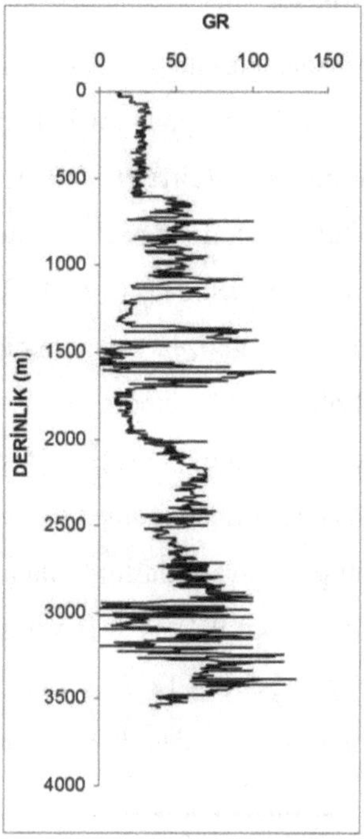


**Şekil 4.11** Topuzsaray-1kuyusunda Sonik ve Gamma Ray logları

## 4.2. Uygulanan Yöntemler

### 4.2.1. İki Buçuk Boyutlu (2.5-B) Modelleme

Bu çalışmada, gravite ve manyetik anomalilerin 2.5-B modellemesi için Talwani modelleme yöntemi kullanılmıştır. Bu yöntem, Talwani vd. (1959), Talwani ve Heirtzler (1964) ve Talwani (1965) tarafından poligonların kullanımı ile model oluşturulması esasına dayanarak ortaya çıkarılan, Shuey ve Pasquale (1973), Rasmussen ve Pedersen (1979) ve benzeri çalışmalarla gelişen ve günümüzde 2.5-B Talwani modellemesi olarak adlandırılan bir yöntemdir.

Shuey ve Pasquale (1973), 2-B poligon yapıları için Talwani ve Heirtzler (1964) tarafından manyetik yöntem için geliştirilen bağıntılardan, sonlu uzanımlı poligon yapılarını kullanarak 2.5-B modelleme bağıntılarını geliştirmişlerdir. Şekil 4.12, 2.5-B yapının bulunduğu koordinat sistemini tanımlanmaktadır. Şekil 4.12'de y ekseni yapının uzanımına paraleldir ve x-z düzlemi de yapıyı ortadan iki eşit parçaya bölmektedir.

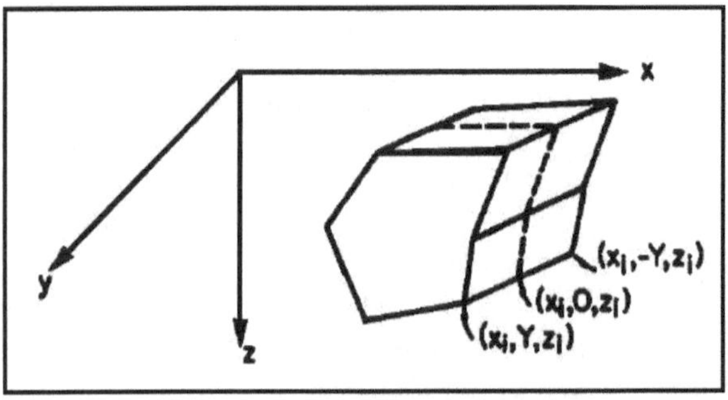


**Şekil 4.12** 2.5-B model geometrisi (Shuey ve Pasquale, 1973).

M'nin mıknatıslanma şiddeti olduğu manyetik alan ifadesi,

$$H(r) = \nabla \int_V (M.\nabla)(1/|r - r_0|)d^3 r_0 \qquad [4]$$

şeklinde verilmektedir. r, x-z düzleminde sınırlı ve cisim düzenli şekilde mıknatıslanmışsa denklem,

$$H_x = 2M_x P_x + 2M_z Q \quad [5a]$$

$$H_y = -2M_y R \quad [5b]$$

$$H_z = 2M_x Q + 2M_z P_z \quad [5c]$$

olur. Burada,

$$P_x = \partial^2 U / \partial x^2 \quad [6a]$$

$$P_z = -\partial^2 U / \partial z^2 \quad [6b]$$

$$R = \partial^2 U / \partial y^2 \quad [6c]$$

$$Q = \partial^2 U / \partial x \partial z \quad [6d]$$

ve Newton Potansiyeli,

$$U = \frac{1}{2} \int_V (1/|r - r_0|) d^3 r_0 \quad [7]$$

şeklinde ifade edilmektedir. x-z düzlemindeki simetriden dolayı $\partial^2 U/\partial x \partial y$ ve $\partial^2 U/\partial y \partial z$ sıfır olmaktadır. Bunun yanında Laplace denklemlerine göre $P_x$, $P_z$ ve R,

$$P_x - P_z - R = 0 \quad [8]$$

şeklinde ilişkilendirilmektedir.

$P_x$, $P_z$,, Q ve R için yukarıda verilen ifadeler, üçlü integralin ikinci dereceden kısmi türevli ifadeleri biçimindedir. Bu ifadeler, Şekil 4.12'deki kesit için yol integralleri biçimine dönüştürüldüğünde [6a] ifadesi,

$$P_x = \frac{1}{2} \iiint \frac{\partial^2}{\partial x^2} (x^2 + y^2 + z^2)^{-1/2} dxdydz \quad [9]$$

şeklinde olmaktadır. Uzanım boyunca integrasyondan sonra,

$$P_x = \frac{1}{2}\iint \frac{\partial^2}{\partial x^2} \ln \frac{r+Y}{r-Y} dxdz \qquad [10]$$

olur. Burada,

$$r^2 = x^2 + Y^2 + z^2 \qquad [11]$$

dir. Böylece x üzerinden alınan integral hızlıca çözülebilir duruma gelmektedir. z üzerinden alınan integral ise, Şekil 4.12'deki kesit çevresinde saat yönünde alınan çizgisel integral olarak düşünülebileceğinden,

$$P_x = \frac{1}{2}\oint \frac{\partial}{\partial x} \ln \frac{r+Y}{r-Y} dz = -\oint \frac{Y}{r} \frac{x}{x^2+z^2} dz \qquad [12a]$$

ifadesi elde edilir. Benzer şekilde [6b]-[6d] ifadeleri de,

$$P_z = -\oint \frac{Y}{r} \frac{z}{x^2+z^2} dx \qquad [12b]$$

$$Q = -\oint \frac{Y}{r} \frac{z}{x^2+z^2} dz = \oint \frac{Y}{r} \frac{x}{x^2+z^2} dx \qquad [12c]$$

$$R = -\oint \frac{Y}{r} \frac{x}{z^2+Y^2} dz = -\oint \frac{Y}{r} \frac{z}{x^2+Y^2} dx \qquad [12d]$$

olmaktadır. Bu durumda, iki boyutluluk davranışını sınırlayıcı durumlar, $Y = \infty$ ve $(Y / r) = 1$ alarak denetlenebilmektedir. Daha sonra, $R = 0$, $P_x = P_z = P$ olduğunda, P ve Q bağıntıları Talwani ve Heirtzler (1964) bağıntılarına eşit olmaktadır. Karmaşık sayılar kullanılarak [12a]-[12d] denklemleri daha basitleştirilmiş olarak,

$$\oint \frac{Y}{r} \frac{dx}{x+iz} = Q + iP_z \qquad [13a]$$

$$\oint \frac{Y}{r} \frac{idz}{x+iz} = -(Q + iP_x) \qquad [13b]$$

$$R = \mathrm{Im} \oint \frac{z}{r} \frac{dx}{x+iY} = -\mathrm{Im} \oint \frac{x}{r} \frac{dz}{z+iY} \qquad [13c]$$

şeklinde elde edilir. Poligon yapılı kesitin N sayıda kenara sahip olduğu varsayıldığından, son integrasyon N adet parçaya bölünmelidir. Her parçada integrasyon, kenar boyunca ($x_1$, $z_2$) noktasından ($x_2$, $z_2$) noktasına kadardır. Gradshteyn ve Ryzhik (1965) integral bağıntılarından faydalanarak,

$$Q + iP_x = \sum \frac{i\Delta z}{\Delta x + i\Delta z} \ln(F_2 / F_1) \qquad [14a]$$

$$Q + iP_z = \sum \frac{-\Delta x}{\Delta x + i\Delta z} \ln(F_2 / F_1) \qquad [14b]$$

elde edilmektedir. Burada çözüm N sayıda kenar üzerindendir ve

$$\Delta z = z_2 - z_1 \qquad [15a]$$

$$\Delta x = x_2 - x_1 \qquad [15b]$$

Şeklindedir. $F_n$ ise,

$$F_n = \frac{\Delta x + i\Delta z}{x_n + iz_n}\left(1 + \frac{r_n}{Y}\right) + \frac{i}{Y^2}(x_n \Delta z - z_n \Delta x) \qquad n = 1,2 \qquad [16]$$

olarak belirtilmektedir. R, [14a] ve [16b] kullanılarak [8] ifadesinden,

$$iR = \sum \ln(F_2 / F_1) \qquad [17]$$

şeklinde elde edilmektedir. İki boyutluluk durumunda karmaşık değişkenler notasyonu, gerçek potansiyel alanların karmaşık değişkenlerinin analitik fonksiyonlarına eşitliği vasıtasıyla tanımlanmaktadır. Shuey ve Pasquale (1973)'nin bağıntıları 2-B'lu durumda,

$$Q + iP = \sum \frac{-\Delta x}{\Delta x + i\Delta z} \ln(F_2 / F_1) = \sum \frac{i\Delta z}{\Delta x + i\Delta z} \ln(F_2 / F_1) \qquad [18]$$

ve

$$F_2 / F_1 = (x_1 + iz_1)/(x_2 + iz_2) \qquad [19]$$

olmaktadır ki, buradaki Q ve P, Talwani ve Heirtzler (1964) teki QSUM ve PSUM ile aynıdır. Karmaşık alan yoğunluğu Q + iP alandaki pozisyonun bir analitik fonksiyonudur ve bir karmaşık değişken olan x + *iz* olarak hesaba katılmıştır.

Böylece karmaşık değişken notasyonunun 2-B durumdan 2.5-B durumuna nasıl genelleştirilebildiği görülebilmektedir. Bununla birlikte, [12a]-[12d] denklemlerindeki (Y / r) çarpanı 2.5-B durumunda analitik bir fonksiyon değildir. Yani, karmaşık değişkenlerin analitik fonksiyonlarına bağlı etkili teoremler 2.5-B durumda mevcut değillerdir.

[14a] ve [14b] denklemleri bilgisayarda kolayca programlanabilmektedir ve 2-B'lu Talwani ve Heirtzler (1964) algoritması kadar hızlı bir 2.5-B algoritmadır. Mıknatıslanma şiddeti ve kesit bilgisine ek olarak, anomaliye sebep olan her yapı, uzanım yarı uzunluğu Y ile karakterize edilmektedir. Burada yapılması gereken, bir kontur

haritasındanY 'yi belirlemek ve sonra en uygun mıknatıslanmayı ve poligon yapılı kesiti ararken o değeri sabit tutmaktır.

Toplam alan anomalisi T, x ekseni ile manyetik kuzey arasındaki açı A ve manyetik eğim I ise,

$$T = H_z \sin I + H_x \cos I \cos A + H_y \cos I \sin A \qquad [20]$$

şeklinde ifade edilmektedir. $H_x$, $H_y$ ve $H_z$, [5a]-[5c] denklemleri ile verilmektedir. Mıknatıslanma şiddetinin genellikle asıl yer manyetik alanına paralel olduğu kabul edilmektedir. Bu durumda mıknatıslanma şiddeti bileşenleri,

$$M_x = kF \cos I \cos A \qquad [21]$$

$$M_y = kF \cos I \sin A \qquad [22]$$

$$M_z = kF \sin I \qquad [23]$$

olarak ifade edilmektedir. F, yer manyetik alan şiddeti ve k manyetik duyarlıktır. [21]-[23] ile [5], [8] ve [20] denklemleri bir araya getirildiğinde,

$$T / 2kF = P_x \cos^2 I \cos 2A + P_z(\cos^2 I \sin^2 A - \sin^2 I) + Q \cos A \sin 2I \qquad [24]$$

elde edilir.

Cooper (1998) tarafından geliştirilen ve 2.5-B gravite ve manyetik modellemesini bir arada gerçekleştirebilen GEOMODEL programı, 2.5-B Talwani modelleme algoritmalarını kullanmaktadır. Programın interaktif olması, model oluşturulurken modele ait özelliklerin isteğe bağlı olarak kolayca değiştirilebilmesine ve model üzerinde yapılan değişikliklerin ekranda görülebilmesine olanak sağlamaktadır. Model oluşturulurken en fazla 50 adet yapı kullanılabilmektedir. Bu yapıların sahip olacakları köşe sayıları en fazla 150 olabilmektedir. 2.5-B Talwani modelleme yöntemi kullanılan diğer çalışmalara, Enmark (1981), Busby (1987), Sander ve

Cawthorn (1996), Cooper (1997), Aydemir (2005), Aydemir ve Ateş (2006) gibi çalışmalar örnek verilebilir.

### 4.2.2. Sismik Yorum ve Derinlik Dönüşümü

Sismik yansıma verilerinin derinlik dönüşümünün yapılabilmesi için kesitlerdeki yansıma zamanlarının derinlik değerlerine çevrilmesi gerekmektedir. Sismik yansıma çalışmasının yapıldığı bölgede yayılan dalgaların formasyonlardan geçerken hızları bilinirse derinlik dönüşümü gerçekleştirilebilir. Sismik yorumlamada kullanılmak üzere hesaplanması gereken hızlar, en küçük kareler (RMS) hızları ve ara hızlardır. RMS hızları, kuvvetli yansıma veren yansıtıcıların derinliğini temsil eden her bir sismik zamana karşılık gelen ve yüzeyden bu zamansal derinliğe kadar olan ağırlıklı ortalama hızını temsil eden hızlardır (Aydemir, 2005). Ara hızları $V_1$, $V_2$, $V_3$,......,$V_n$ ve tek yol seyahat zamanları, $t_1$, $t_2$, $t_3$, ......, $t_n$ olan çok tabakalı bir ortamda RMS hızı;

$$V_{RMS}^{\ 2} = \left( \frac{V_1^2 t_1 + V_2^2 t_2 + V_3^2 t_3 + ...... + V_n^2 t_n}{t_1 + t_2 + t_3 + ...... + t_n} \right) = \left( \frac{\sum_1^n V_k^2 t_k}{\sum_1^n t_k} \right) \qquad [25]$$

olarak elde edilir (Kurtuluş, 2002). Ara hız ise, bu RMS hızlarından faydalanılarak;

$$V_{ARA}^{\ 2} = \frac{V_{RMS(n)}^2 t_n - V_{RMS(n-1)}^2 t_{(n-1)}}{t_n - t_{(n-1)}} \qquad [26]$$

şeklinde hesaplanır. Elde edilen RMS hızları ve ara hızlar, hız analizinin yapıldığı atış noktalarının üzerine denk gelecek şekilde sismik kesitler üzerine işlenir. Bu uygulama tüm dünyada standart haline gelmiştir ve tüm sismik kesitler üzerinde bu uygulamaya rastlanmaktadır. Hız analizinin yapıldığı ve sismik kesitler üzerine işaretlenen atış noktaları için, kesitteki zaman değerleri ve bunlara ait hız değerleri çizelgeler haline getirilir. Daha sonra kesitteki zaman değerleri kullanılarak gerçek derinlik değerleri hesaplanır. Sismik kesitlerde görülen düşey eksen değerleri, derinliğin zaman cinsinden temsil edilmesidir ve bu zaman değerleri, dalganın yansıtıcı tabakaların yüzeylerine olan gidiş-geliş zamanlarıdır ve milisaniye (ms) cinsinden belirtilmektedir. Hesaplamalarda bu değerler saniye (s) cinsinden kullanılacağından, tüm zaman değerleri ilk olarak saniyeye çevrilir. Derinlik değerlerinin metre cinsinden ifade edilebilmesi için sadece gidiş veya sadece geliş zamanına ihtiyaç duyulduğundan tüm zaman değerleri ikiye bölünür. Daha sonra bu elde edilen zaman değerleri, kendilerine karşılık gelen hız değerleriyle çarpılarak derinlik değerleri metre cinsinden elde edilir (Aydemir, 2005)

### 4.3. Organik Jeokimyasal Analizler

Öncel çalışmalarda kaynak kaya potansiyellerinden bahsedilen formasyonların ayrıntılı olarak incelenebilmesi amacıyla bu birimlerin en iyi gözlendikleri yerlerden 3 ölçülü dikme kesit lokasyonu belirlenmiş ve bunlardan yararlanılarak sistematik örnekleme ile toplam 72 örnek alınmıştır. Ayrıca inceleme alanı kuzeybatısında, Yeşilçat köyü civarında belirlenen petrol izlerinin kaynak kayasının araştırılabilmesi amacıyla Alpagut-Dodurga, Evlik ve İncesu kömür sahalarından da kömür örnekleri derlenmiştir. Alpagut-Dodurga kömür sahasından 3, Evlik kömür sahasında 3 ve İncesu kömür sahasından da 3 kömür örneği olmak üzere toplam 9 kanal örneği alınmıştır. Kanal uzunluğu yaklaşık 1 m' dir.

Bunun yanı sıra toplam 30 adet kerojen slaytı hazırlanarak organik petrografi incelemesi ve floresans mikroskop çalışması yapılmıştır (Çizelge 4.2). Toplam Organik Karbon (TOC) ve Piroliz analizi ise 26 adet örnekte (3 adeti kömür örneği) gerçekleştirilmiştir. TOC-Rock Eval piroliz analizi, özütleme, kolon kromatografi, moleküler elek analizi, GC, GC-MS analizi TPAO Araştırma Merkez'inde (Ankara) yaptırılmıştır. TOC-Piroliz analizleri Rock-Eval 6 aletinde IFP (Institut Francais du Petrole) standartı kullanılarak yapılmıştır. Toplam organik karbon ve piroliz verilerine göre seçilen 8 örnekte ise biomarker analizi için ekstraksiyon yapılmıştır. Bu örneklerden 6 adedinde yeterli özüt miktarı belirlendiği için GC-MS analizi, 8 örnekte ise GC analizi gerçekleştirilmiştir. Olgunlaşma çalışmalarında yaygın bir parametre olarak kullanılan vitrinit yansıması ölçümleri de 16 örnekte yapılmıştır.

Birimlerin hidrokarbon türüm potansiyelleri; organik jeokimyasal ve organik petrografik verilerin birlikte yorumlanması ile özellikle, Hidrojen İndeksi (HI), Oksijen İndeksi (OI), Üretim İndeksi (PI), Potansiyel Verim (PY) ile olgunlaşma süreci ise $T_{max}$ verilerden yararlanılarak ortaya konmuştur. GC, GC-MS analizleri ile elde edilen sonuçlar özellikle ortamsal yorum, hidrokarbon türüm özelliği, olgunlaşma ve kaynak organizma hakkında önemli bilgiler vermiştir.

Tüm bu analiz yöntemleri ile incelenen alandaki birimlerin organik jeokimyasal, organik petrografik ve hidrokarbon türüm potansiyelleri birçok parametre ile kontrol edilerek yorumlanmaya çalışılmıştır (Çizelge 4.2). Bu analiz ve uygulamalara ilişkin ayrıntılı bilgiler aşağıdaki bölümlerde sunulmaktadır. Organik jeokimyasal değerlendirmeler kapsamında şeyl ve karbonatlı kayaçlar ile marnları oluşturan organik madde miktarı Toplam Organik Karbon (% TOC), organik maddenin tip ve olgunlaşması ise Rock-Eval Piroliz analizi ile belirlenmiştir.

**Çizelge 4.2** İnceleme alanından derlenen örneklere uygulanan analiz türleri ve örnek dağılımı

| ANALİZ TÜRÜ | ÖRNEK SAYISI |
|---|---|
| Derlenen yüzey örneği | 72 |
| Toplam Organik Karbon (TOC)- Rock-Eval Piroliz Analizi | 26 |
| Kolon Kromatografi Analizi | 8 |
| Gaz Kromatografi Analizi (GC) | 8 |
| Gaz Kromatografi- Kütle Spektrometre Analizi (GC-MS) | 6 |
| Duraylı Karbon İzotop Analizi (GC-IRMS) | 2 |
| Organik Petrografi Değerlendirmeleri | 30 |
| Vitrinit Yansıması Ölçümü | 16 |

### 4.3.1. TOC - Rock - Eval Piroliz Analizi

Toplam Organik Karbon analizi (TOC) incelenen örneklerdeki organik zenginleşme düzeyinin belirlenmesi amacıyla yapılmakta olup % 0.5'den büyük TOC değerleri öncelikle organik zenginleşmeyi belirtir. TOC analizinden önce örnekler kırılmış ve asitle tepkimeye sokularak inorganik karbonatları giderilmiştir.

Piroliz analizi, Rock-Eval II veya VI cihazında yapılmaktadır ve kerojen tipi ile olgunlaşma düzeyinin belirlenmesi için kullanılan en yaygın analiz tekniğidir. Kerojen, herhangi bir organik çözücüde çözülemediğinden, ısısal olarak parçalanır. Isısal parçalanma olayına da piroliz denilmektedir.

Rock-Eval piroliz yöntemi ile ilgili ilk çalışmalar Espitaliè vd. (1977) tarafından yapılmıştır. Bu çalışmalarda ortaya konan parametreler Clementz vd. (1979)'nin yaptığı çalışmalarla geliştirilmiştir. Rock-Eval piroliz cihazının çalışma prensibine göre, analiz iki kısımda gerçekleşmektedir. İlk kısım piroliz kısmı olup, 100 mg öğütülmüş örnek, oksijensiz bir ortamda helyum gazı atmosferinde belirli bir sıcaklık programı uygulanarak 550°C'ye kadar ısıtılır. 90°C' de S1 piki ile kaya içindeki serbest hidrokarbonlar, 300-550°C arasında ise S2 piki ile kerojenin parçalanmasından ortaya çıkan hidrokarbonlar oluşur. 400°C 'nin altında çıkan $CO_2$ ise S3 piki olarak ölçülür. Oluşan bu hidrokarbonlar Alev İyonlaştırma Dedektörü ile ölçülür. S2 pikinin maksimum olduğu noktadaki sıcaklık $T_{max}$ olup, kerojenin olgunluk düzeyinin saptanmasında kullanılır. İkinci kısımda ise hava yardımıyla 600°C'de yanma sağlanır. Oluşan $CO_2$ gazı "Isı İletken Dedektör"de ölçülerek kayacın Toplam Organik Karbon miktarı belirlenir.

Rock-Eval piroliz analizinden elde edilen veriler kullanılarak kerojen tipleri dolayısıyla organik madde türleri belirlenebilmektedir. Organik madde sınıflamasında en çok kullanılan yöntem Van Krevelen veya HI-OI diyagramıdır (Tissot vd., 1974).

Rock-Eval pirolizi verilerinden yararlanarak hidrokarbon kaynak kaya potansiyeli hakkında bilgi edinilmektedir. S1 değerleri jenetik potansiyelin hemen hidrokarbonlara dönüşebilen miktarını, S2 değeri ise kerojenin ısısal parçalanması sonucunda açığa çıkan hidrokarbonları göstermektedir. Jenetik potansiyel (Potansiyel Verim, S1+S2), ana kayaçtaki hidrokarbon miktarını verir. Kaynak kayacın nicel sınıflaması Tissot ve Welte (1978) tarafından şu şekilde ifade edilmiştir (Çizelge 4.3).

**Çizelge 4.3** Kaynak kaya sınıflaması (Tissot ve Welte, 1978)

| | |
|---|---|
| **PY < 2 mg/g** | Kayalar petrol kaynak kayası olamazlar, ender olarak doğal gaz üretir. |
| **2 mg/g < PY < 6 mg/g** | Orta derecede petrol kaynak kayasıdır. |
| **PY > 6 mg/g** | İyi derecede petrol kaynak kayasıdır. |

PI değerleri (S1/S1+S2) kayanın içinde hazır halde bulunan sıvı hidrokarbon oranını göstermekte ve kayanın olgunlaşması ile birlikte artmaktadır. Bu hidrokarbonlar kayanın kendi içinde oluşabileceği gibi dışarıdan gelerek kayayı kirletmiş olabilir.

Potansiyel ürün değerlendirmesi kuyularda PI ve PY değişim grafikleri ile yapılır. Piroliz analizlerinden elde edilen $T_{max}$ değerleri, olgunlaşma değerlendirmelerinde yaygın olarak kullanılmaktadır. $T_{max}$ değerlerinin temsil ettiği olgunlaşma değerleri (Çizelge 4.4)'de sunulmuştur.

**Çizelge 4.4** $T_{max}$ değerlerinin temsil ettiği olgunlaşma değerleri

| $T_{max}$ ($^{o}$C) | Olgunlaşma Derecesi |
|---|---|
| **<435** | Olgunlaşmamış |
| **435 - 445** | Erken -Orta Olgun |
| **445 - 460** | Orta - İleri Olgun |
| **>460** | Aşırı Olgun |

Bu yöntemin avantajı, az miktarda örnek ile kısa zamanda sonuç alınması ve vitrinitin bulunmadığı karbonatlı birimlerin olgunluk seviyesi hakkında fikir verebilmesidir. Ancak aşırı olgun zonlarda kerojenin içindeki tüm hidrokarbonlar atıldığı için güvenirliğini kaybetmektedir.

Rock-Eval piroliz yapılmasının en önemli nedeni; analizin oldukça hızlı olması (20 dakika) ve diğer analizlere oranla daha az (100 mg) örnek gerektirmesidir. Bu yöntem genellikle karot ve yüzey örneklerinde uygulanmaktadır. Analiz sonucunda elde edilen veriler, diğer jeokimyasal verilerle birlikte kullanılarak yorumlama çalışmaları yapılmaktadır. Bir havzada petrol birikimi olabilecek bölgeler, kaynak kaya zenginliği veya termal olgunluğun bölgesel ölçekte haritalanması ile kuyular arasında kaynak kaya veya rezervuar kayaların korelasyonu, bu çalışmalar sırasında elde edilen verilerle gerçekleştirilebilmektedir. Bu analiz sonucunda elde edilen veriler başlıca;

**S1;** serbest hidrokarbonlar (mg HC/g kaya)

**S2;** kerojenin ısısal parçalanması ile oluşan hidrokarbonlar (mg HC/g kaya)

**S3;** $CO_2$ (mg $CO_2$/g kaya )

**$T_{max}$;** Hidrokarbon oluşumunun maksimum olduğu evredeki sıcaklık ($^oC$)

**Hidrojen İndeksi; HI:** S2/TOC x 100 (mg HC/g TOC)

**Oksijen İndeksi; OI:** S3/TOC x100 (mg $CO_2$/ g TOC)

**Üretim İndeksi; PI:** (S1/PY) Kayada hazır halde bulunan hidrokarbonlar,

**Potansiyel Verim veya Jenetik Potansiyel; S1+S2: PY** (mg HC/g kaya). Petrol türüm potansiyeli.

**S2/S3;** Petrol ve gaz türetme potansiyeli. Bu değer kerojendeki hidrojen miktarını ve kayacın petrol oluşum potansiyelini belirtir (Peters ve Cassa, 1994). S2/S3 değeri hidrokarbon tip indeksi olarak da tanımlanmaktadır (Hunt, 1994).

HI değerleri kayanın içindeki kerojenin hidrojence, OI ise oksijence zenginliğini temsil etmektedir. Genel olarak 200 mg HC/g TOC'den büyük HI değerleri petrol türümüne uygun organik maddeyi işaret eder.

Bu çalışma sırasında kaynak kaya değerlendirmeleri ve oluşabilecek hidrokarbon tipinin tanımlanması için Peters (1986) sınıflamaları kullanılmıştır (Çizelge 4.5 ve 4.6).

**Çizelge 4.5** Kaynak kaya oluşum potansiyelini tanımlayan parametreler (Peters, 1986)

| Miktar | TOC (%) | S1 | S2 |
|---|---|---|---|
| Zayıf | 0-0.5 | 0-0.5 | 0-2,5 |
| Orta | 0,5-1 | 0.5-1 | 2.5-5 |
| İyi | 1-2 | 1-2 | 5-10 |
| Çok İyi | >2 | >2 | >10 |

**Çizelge 4.6** Hidrokarbon tipini tanımlayan jeokimyasal parametreler (Peters, 1986)

| Tip | HI | S2/S3 |
|---|---|---|
| Gaz | 0-150 | 0-3 |
| Gaz ve Petrol | 150-300 | 3-5 |
| Petrol | >300 | >5 |

Kayaçların hidrokarbon türüm potansiyelleri ise organik jeokimyasal ve organik petrografik verilerin birlikte yorumlanması ile özellikle Hidrojen İndeksi, Oksijen İndeksi, Üretim İndeksi, Potansiyel Verim, Olgunlaşma Süreci gibi verilerden yararlanılarak ortaya konulmuştur.

### 4.3.2. Özütleme Analizi

Gaz kromatografi (GC) ve Gaz Kromatografi-Kütle Spektrometre (GC-MS) analizlerinde kullanılacak organik maddelerin doymuş kısımlarının özütlenebilmesi amacıyla özüt analizi, kolon kromatografi ve moleküler elek analizi yapılmıştır.

### 4.3.3. Kolon Kromatografi Analizi

Bu analiz ile özütleme sonucu elde edilen bitüm ve petrol örneklerinden preparatif (hidrokarbon gruplarının ayrıştırılarak toplanması) olarak hidrokarbon grupları elde edilir ve Gaz Kromatografi - Kütle Spektrometre (GC-MS) analizleri için örnek hazırlanır.

Laboratuarda üç aşamalı bir kolon kromatografi yöntemi uygulanır. Bu aşamalar ve her aşamada elde edilen bileşenler;

1. **Alümina-silica gel kolon:** Doymuş hidrokarbonlar, aromatikler.
2. **Bakır kolon:** Aromatiklerin içindeki elementer kükürt uzaklaştırılır.
3. **Alümina kolon:** Mono-tri-aromatikler olarak sıralanabilir.

### 4.3.4. Gaz Kromatografi Analizi (GC)

Gaz kromatografi (GC) tekniği petrol ve bitüm örnekleri içerisindeki hidrokarbon bileşiklerinin genel olarak dağılımlarını görmek amacıyla yapılır. Elde edilen kromatogramlardaki pik dağılımları ve boylarına bakılarak organik maddenin tipi ve olgunlaşması hakkında bilgi sağlanır.

Bir gaz kromatografi cihazı üç ana bölümden oluşur:

1. Enjeksiyon Bölümü
2. Kolon
3. Dedektör

Belirli bir konsantrasyonda hazırlanan örnekler, cihaza bir enjektörle enjeksiyon bölümünden verilir. Kolona uygulanan sıcaklık programı kolona verilen örnek içerisindeki moleküllerin kaynama noktalarının farklı olmasından dolayı ayrılma sağlanır. Gaz kromatografi cihazlarında analizleri yapılan bileşiklere hassas çeşitli dedektör tipleri vardır. Kolon içerisinde ayrılan moleküller dedektör bölümünde ölçülerek, bilgiler sinyaller halinde bilgisayara ulaşır ve gaz kromatogramları elde edilir.

Organik jeokimyasal (biomarker) analizleri için piroliz verileri (toplam organik karbon ve hidrojen indeksi) uygun olan 8 örnek seçilmiş ve yaklaşık 40 saat Diklorometan ($CH_2Cl$) ile ASE 300 de özütlenmiştir. Kolon kromatografide asfalten bileşenleri giderilerek silikajel alümina kolon kullanılarak ayrılmıştır. Ekstraksiyon sonunda, doymuş hidrokarbon bileşimlerinde Agilent 7890A GC ve 5975C MSD cihazında yapılmıştır (TPAO Araştırma Merkezi, Ankara).

### 4.3.5. Gaz Kromatografi-Kütle Spektrometre Analizi (GC-MS)

Bu analizin organik jeokimyada kullanım amacı, petrol-petrol, petrol-kaynak kaya deneştirmeleri ile organik maddenin olgunlaşma düzeyini belirleme çalışmalarına veri üretmektir. Moleküler baza dayanılarak üretilen parametreler oldukça güvenilirdir.

GC-MS cihazı; gaz kromatografi ile kütle spektrometre cihazlarının birbirlerine bağlanması ile geliştirilmiştir. Hazırlanan örnekler bir enjektör ile gaz kromatografinin kolon bölümüne verilir. Örnek, kapiler kolon içerisinde bileşenlerine ayrılır. Ayrılan bileşenler kolon içinde helyum gazı ile taşınarak kütle spektrometrenin iyon oluşturma bölümüne gelirler ve bir fileman üzerine uygulanan akım sonucu oluşan elektron demeti ile bombardıman olurlar. Elektronlar kolondan gelen moleküllere çarparak iyonlar oluşmasına neden olur. Oluşan iyonları daha önceden bilgisayara verilen bir komutla seçebilmek mümkündür. İyon kaynağında iyonlaşma olduktan sonra iyonlar analizör bölümüne girerler. Analizör, iyonların kütlelerine göre ayrıldığı bölümdür. Değişik tipte analizör sistemleri vardır. Kütlelerine göre ayrılan iyonlar "elektron multiplier" tarafından sayılarak, bilgiler bilgisayara sinyaller halinde ulaşır ve toplam iyon kromatogramlar elde edilir. Kromatogramlardan istenilen iyon kromatogramlar tek tek de elde edilebilir.

Bu kromatogramlardaki piklerin her biri bir molekülü temsil etmektedir. Bu tanımlamalar yapılarak petrol ve eksrakt örneklerinin moleküler olarak analizleri yapılmış olur. Korelasyon sırasında m/z 191 (triterpan) ve 217 (steran) fregmantogramları yaygın olarak kullanılır.

Özütleme analizi ile yeterli miktarda özüt elde edilen 6 örnekte ileri jeokimyasal analiz olarak adlandırılan GC-MS analizi yapılmıştır. Kolon kromatografi ile asfalttan arındırılarak, doymuş kısımları Agilent 7890A/5975C GC-MS cihazı ile analiz edilmiştir. Terpan ve steran molekülleri sırasıyla 191 ve 217 m/z oranları kullanılarak SIM Scan modunda incelenmiştir.

### 4.3.6. Duraylı Karbon İzotop Analizi

İnceleme alanındaki katı bitüm ve yan kayaç örneklerinden 2 adedinde duraylı karbon izotop analizleri (GC-IRMS) TPAO Araştırma Merkezi Laboratuar'larında GV Instruments Isoprime EA-IRMS cihazında yapılmış, sonuçları ‰ vs. VPDB göre değerlendirilmiştir. % 95 güven aralığında standart sapması kabul edilebilen uluslararası standartlara göre kalibrasyon gerçekleştirilmiştir. Bu analiz ile elde edilen değerler tüm organik jeokimyasal, organik petrografik sonuçlar ile korele edilerek yaş ve çökel ortam şartları yorumunda kullanılmıştır.

### 4.3.7. Organik Petrografik Değerlendirmeleri

İncelenen birimlerde TOC-Piroliz analizi ile organik maddece zengin olduğu belirlenen örneklerde organik yoğunlaştırma işlemi yapılarak bunlardan hazırlanan kerojen slaytlarından alttan aydınlatmalı mikroskopta değerlendirmeler yapılmış, organik madde tipleri otsu, odunsu, kömürsü ve amorf olarak sınıflandırılmıştır. Bu slaytlarda ayrıca spor renk değişimleri de gözlenebilmiştir. Uygulanan işlem basamakları;

Oksitlenmiş ve alterasyona uğramış kısımları temizlenmiş örneklerden şeyl için 25-30 g, karbonatlı kayaçlar için 50-60 g kadar kırılır ve birkaç kez dekantasyon yapılır. Karbonatların yok edilmesi amacıyla %33'lük hidroklorik (HCl) asit kullanılır (yaklaşık 50 ml). İşlem sonunda örneğin asitten ve tuzdan temizlenmesi için 3-4 kez dekantasyon yapılır.

Örnekteki silikatların temizlenmesi için de %40'lık hidroflorik (HF) asit kullanılır. Plastik behere alınan örnek üzerine 30-40 ml kadar hidroflorik asit ilave edilerek 4 saat kadar beklenir. Reaksiyon tamamlandıktan sonra örneklerdeki silikat tuzları 3-4 kez dekantasyon ile tamamen atılır.

Karbonat ve silikatlarından temizlenen örnekteki çeşitli ağır minerallerin ve diğer inorganik bileşenlerin atılması için özgül ağırlığı 2.0-2.5 arasında olan çinko klorür ($ZnCl_2$) veya çinkobromür ($ZnBr_2$) kullanılmaktadır. Yukarıda bahsedilen işlemlerden oldukça susuz bir biçimde çıkarılan örnekler cam tüplere alınır ve üstlerine ağır sıvı eklenerek, 3000 devirde 2 dakika santrifüjlenir. Organik maddeler tüpün üst kısımlarında birikirken, inorganik maddeler alt kısımlarda çökelmektedir. Tüpün üst kısımında biriken organik maddeler bir damlalık yardımı ile başka tüplere aktarılır. Organik maddenin ağır sıvıdan arındırılabilmesi için 3-4 kez dekantasyon işlemi yapılır.

Ayrılan organik madde önce alkol sonra da saf su ile yıkanarak temizlenir ve küçük tüplere alınarak slayt yapılabilecek hale getirilir. Hazırlanan bu organik madde slayt yapımı için sulandırılır ve bundan 4 ml kadar alınarak başka bir cam tüpe aktarılır. Slayt için yeterli homojenlik sağlandıktan sonra bir damlalık yardımıyla bir miktar alınarak lam üzerine yayılır. Kuruduktan sonra üzerine de bir lamel hava kabarcığı kalmayacak biçimde yapıştırılır. Lamın kenarına örnek numaraları yazılarak, alttan aydınlatmalı mikroskopta incelenecek duruma getirilir.

Kerojen slaytlarının alttan aydınlatmalı mikroskoptaki incelemesinde 4 tip organik madde ayırtlanır. Bunlar;

**Algal-amorf:** Algal malzemenin bozulması veya genellikle planktonlar ve diğer basit yapılı organizmalardan bakteri etkinliği sonucu oluşur. Hidrojence zengin olup petrol türetme potansiyelleri ve floresans şiddetleri yüksektir.

**Otsu:** Denizel alg, spor, polen, fosil rezinlerinden oluşur. Petrol türetme potansiyelleri amorf organik madde grubuna göre az olmakla birlikte vardır.

**Odunsu:** Genellikle karasal kökenli organik maddeden oluşur. Yağlı ve mumsu bileşenler olmayıp selüloz ve lignin görülür. Gaz türetme potansiyeli vardır.

**Kömürsü:** Farklı kökenlere sahip yüksek okside malzemeden türer. Herhangi bir hidrokarbon türetme potansiyeli yoktur. Floresans özellik görülmez.

Organik yöntemlerden optik değerlendirmeler grubunda ise en fazla kullanılan yöntem spor renk indeks değerlerinin belirlenmesidir (SCI). Doğal renkleri açık sarı olan bu organik maddeler artan ısı karşısında turuncu, kırmızı, kahverengi ve siyah renklere sahip olurlar. Farklı sınıflandırmalar olmakla birlikte sarı ile siyah arasında değişen renk tonları genellikle 10'luk bir skalada tanımlanmaktadır (Çizelge 4.7).

Bu yöntem kısa zamanda sonuçlanması, az miktarda örnek gerektirmesi, ucuz olması ayrıca vitrinit bulunmayan kayaçların olgunlukları hakkında bilgi vermesi nedeniyle araştırmacılar tarafından sıkça kullanılmaktadır ancak mikroskop özellikleri ve araştırmacının deneyimine ve titizliğine bağlı olması nedeniyle tek başına kullanılabilecek bir veri olmayıp diğer olgunluk parametreleri ile karşılaştırılması gerekir.

**Çizelge 4.7.** Spor renk indeksi (SCI) ve belirttiği olgunlaşma seviyeleri (Ediger ve Soylu, 1993)

| SCI | RENK | OLGUNLAŞMA SEVİYESİ |
|---|---|---|
| 2-3 | Sarı | Olgunlaşmamış |
| 4 | Koyu sarı | Olgunlaşmamış |
| 5 | Sarı-Turuncu | Olgunlaşma Başlangıcı |
| 6 | Turuncu | Olgun |
| 6,5 | Turuncu-Kırmızı | Orta Olgun |
| 7 | Açık kahve | İleri Olgun |
| 7,5-8 | Kahve-Koyu kahve | Aşırı Olgun |
| 9-10 | Koyu kahve-Siyah | Aşırı Olgun |

### 4.3.8. Vitrinit Yansıması Ölçümleri

Petrografik analiz için 16 adet örnek ICCP standart tekniklerine göre hazırlanmıştır (1998, 2001). Kömür ve organik maddece zengin örneklerde, petrografik bileşim ve vitrinit yansıması değerlendirmeleri Axioplan–mikroskobu ile yapılmıştır. Parlatılmış örnekler, önce '32x' büyültmeli yağlı objektifle ve 20 bölmeli '10x' büyütmeli okülerle taranmıştır. Örneklerde daha sonra '20x' büyültmeli yağlı objektif ve '10x' büyültmeli, 20 özel bölmeli okülerle, mikrolitotip analizi için nokta sayımı yapılmıştır. Örneklerin aynı büyültme ve 2548 nm'deki yansıma değerleri (önce $R_{max}$ ve $R_{min}$ değerleri) ayrı ayrı, standartlara da uygun olarak ölçülmüştür. Yansıma ölçümlerinde Leitz MPV - SP marka mikroskop, 32x ve 50x yağlı objektifler kullanılmıştır. Her bir örnekte yansımalı beyaz ışıkta en az 500 nokta sayılmıştır. Örneklerde yansıma ölçümlerinde kırılma indisi (n) 1.518 olan özel yağlar, yansıma değerleri için de safir (R= %0.548) ve cam (R= %1.23) standartları kullanılmıştır. Sonuçlar "MPGeor" software sistemi ile yorumlanmıştır. Örnek hazırlama ve yansıma ölçümleri MTA MAT Dairesi laboratuvarında (Ankara) gerçekleştirilmiştir.

# 5. Bulgular

## 5.1. Jeofizik Değerlendirmler

### 5.1.1. İkibuçuk Boyutlu (2.5-B) Gravite ve Manyetik Modellemesi

Çankırı-Çorum Havzası'na ait gravite ve manyetik verilerinin 2.5-B olarak modellenmesi amacıyla, Cooper (1998) tarafından geliştirilen GEOMODEL adlı interaktif modelleme programı kullanılmıştır. Bu program, 2-B Talwani modellemesi algoritmasını kullanmaktadır. Programın interaktif olması, model oluşturulurken modele ait özelliklerin isteğe bağlı olarak kolayca değiştirilebilmesine ve model üzerinde yapılan değişikliklerin ekranda görülebilmesine olanak sağlamaktadır. Modeller oluşturulurken, gravite veya manyetik anomalileri oluşturduğu düşünülen yapılar, önceden belirlenmiş yoğunluk kontrastı da göz önünde bulundurularak yerlerine yerleştirilir. Bir model oluşturulurken en fazla 50 adet yapı kullanılabilmektedir. Bu yapıların köşe sayıları ise en fazla 150 olabilmektedir. GEOMODEL programı, bir anomali haritası üzerinden seçilen bir profilden elde edilen anomali eğrisi ile, kullanıcı tarafından oluşturulan modelinin yarattığı anomali eğrisinin birbiriyle çakıştırılması prensibine göre modellerin oluşturulmasını sağlamaktadır. Bir profil için model oluşturulurken giriş verisi, o profile ait hem gravite hem de manyetik verisini içermelidir. Bunun nedeni programın gravite ve manyetik modellerinin birbirleriyle etkileşimli olarak oluşturulmasıdır. Veri programa girildikten sonra oluşturulan ilk model diğer bir deyişle başlangıç modeli belirli bir anomali eğrisi oluşturur. Başlangıç modelindeki yapıların köşe noktalarının yerlerinin interaktif olarak değiştirilmesiyle anomali eğrisinin şekli de değişir. Anomali haritasından elde edilen eğri ile modelden elde edilen eğrinin uygun şekilde çakıştırılmasıyla modeller oluşturulur.

Havzada beş adet sismik hat değerlendirilmiştir. Uzunluğu 21 km olan CC-L1 sismik hattı Kızılırmak'ın 19 km kuzeyinde başlamış olup hattın bitiş noktası Yapraklı'nın 12 km güneydoğusunda son bulmaktadır. CC-L2 sismik hattı 27.8 km uzunluğunda olup bu hat, güneyde Kızılırmak'ın yaklaşık 13 km güneybatısında başlayıp, Kızılırmak'ın 15 km kuzeydoğusunda sonlanmaktadır. Bu hat, CC-L3 sismik hattına paralel olarak uzanmaktadır. CC-L3, 27 km uzunluğundadır ve Kızılırmak'ın yaklaşık 18 km güneydoğusundan başlayarak 21 km kuzeydoğusunda sonlanmaktadır. CC-L4 profilinin uzunluğu yaklaşık 35 km olup başlangıç noktası Kızılırmak'ın yaklaşık 8 km kuzeybatısında yer almaktadır. Hattın bitiş noktası Uğurludağ'ın yaklaşık olarak 8 km kuzeybatısında bulunmakta ve CC-L5 sismik hattıyla aynı doğrultuludur. Ayrıca bu hat Sağpazar-1 kuyusunu da kesmektedir. CC-L5 profili Kızılırmak'ın yaklaşık 17 km kuzeydoğusunda başlamakta olup Bayat'ın yaklaşık 11 km güneydoğusunda sonlanmaktadır. Hattın uzunluğu yaklaşık olarak 24 km'dir. 2.5-B modeller, sismik kesitlerin üzerinden geçen beş profil boyunca oluşturulmuştur. Bu beş profilin ve sismik hatların yer aldığı gravite anomali haritası Şekil 5.1'de verilmektedir. 2.5-B modeller oluşturulurken öncelikle gravite anomali haritası değerlendirmeye alınmıştır. Ayrıca havadan manyetik anomali haritası dikkatlice incelenmiş ve havza dolgusunun düşük manyetik şiddetli birimlerden oluştuğu anlaşılmıştır. Bu durum, havza içerisinde yer alan formasyonlar içerisinde görülen ve volkano-sedimanter olarak yorumlanan birimlerin, gerçekten de volkano-sedimanter istifler olduğunun kanıtıdır. GEOMODEL programında gravite ve manyetik modellerin birbirleriyle etkileşimli olarak oluşturulması yardımıyla elde edilen değerlerin kontrolünde 2.5-B manyetik modelleri, 2.5-B gravite modelleriyle uyumlu şekilde oluşturulmuştur. GEOMODEL programında oluşturulan bu beş profile ait

2.5-B gravite modelleri Şekil 5.2-5.6'da görülmektedir. Modelleri oluşturan yapıların içerisindeki rakamlar yoğunluk kontrastı değerlerini ifade etmektedir.

Havadan manyetik anomali haritası ise Şekil 5.7'de verilmekte olup, anomalinin yoğunlaştığı gözlenen KB kısmında KB-GD doğrultusu boyunca bir manyetik anomali profili alınmıştır ve 2.5-B yöntemle modellenmiştir (Şekil 5.8). Yer altında biri derinde diğeri sığ iki yapı konulmuştur. Sığ yapının yüzeye yakın kısımlarda anomali oluşturan kütle ve ofiyolitlerden kaynaklandığı öngörülmüştür. Bu profil doğrultusunda, modelin ortalarına yakın bölgede, yüzeye yakın, uzunluğu derinliğine nazaran daha fazla olan prizmatik şekilli bir yapıdır. Bu şekilde oluşturulan model, anomali profilinin daha kuzeybatısındaki gözlemsel anomali ile hesaplanan anomali arasındaki uyumsuzluğu açıklayamamaktadır. Buradaki uyumsuzluk değişik kütleler konularak giderilmeye çalışılmıştır. En iyi sonuca birinci kütlenin daha önünde ve daha derininde ters mıknatıslanmalı bir kütle konularak ulaşılmıştır. Bu kütlenin eğim açısı (inklinasyon) $-40^{\circ}$ olup bugünkü yer manyetik alanın tersi yönündedir. Bahsedilen kütlenin mıknatıslanma şiddeti 1347.5 nT (1.07 A/m)'dir. Bu yapının derinde ve mıknatıslanmasının bugünkü alana ters yönde olması yapının ofiyolit olma olasılığını azaltmaktadır. Büyük olasılıkla bu yapı okyanusal kabuğa ait bir malzemedir ve derinde olması, bu durumu işaret etmektedir. Mıknatıslanmasını ters yönde kazanmış olması ise yer manyetik alanın ters dönmüş olduğu deniz tabanı yayılımıyla karakterize edilebilir. Ters yönde kazandığı mıknatıslanmasının $-40^{\circ}$ olması, bugunkü yer manyetik alan değerinden ($55^{\circ}$) daha düşüktür (Şekil 5.8). Bu nedenle; okyanus tabanına ait olan bu malzeme, mıknatıslanmasını bölgenin bulunduğu bugünkü coğrafik enlemden daha düşük bir enlemde kazanmış olduğunu düşündürmektedir.

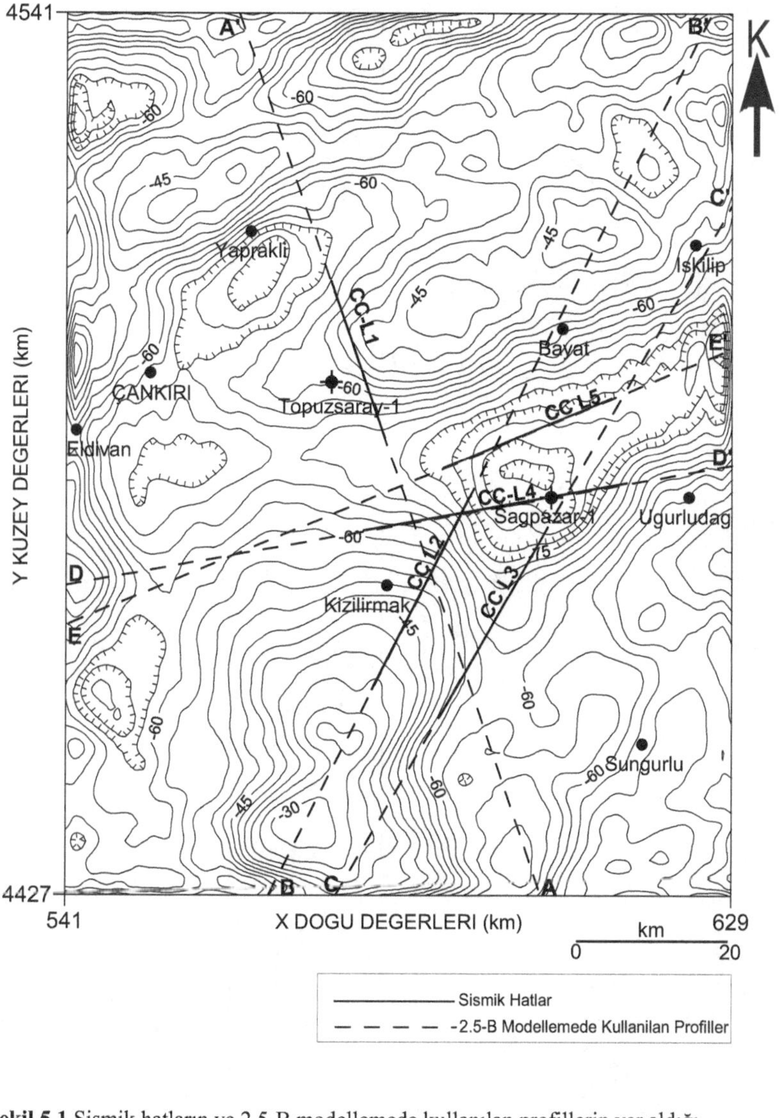


**Şekil 5.1** Sismik hatların ve 2.5-B modellemede kullanılan profillerin yer aldığı gravite anomali haritası (Kontur aralığı: 3 mGal-Yoğunluk değeri: 2.4 $g/cm^3$)

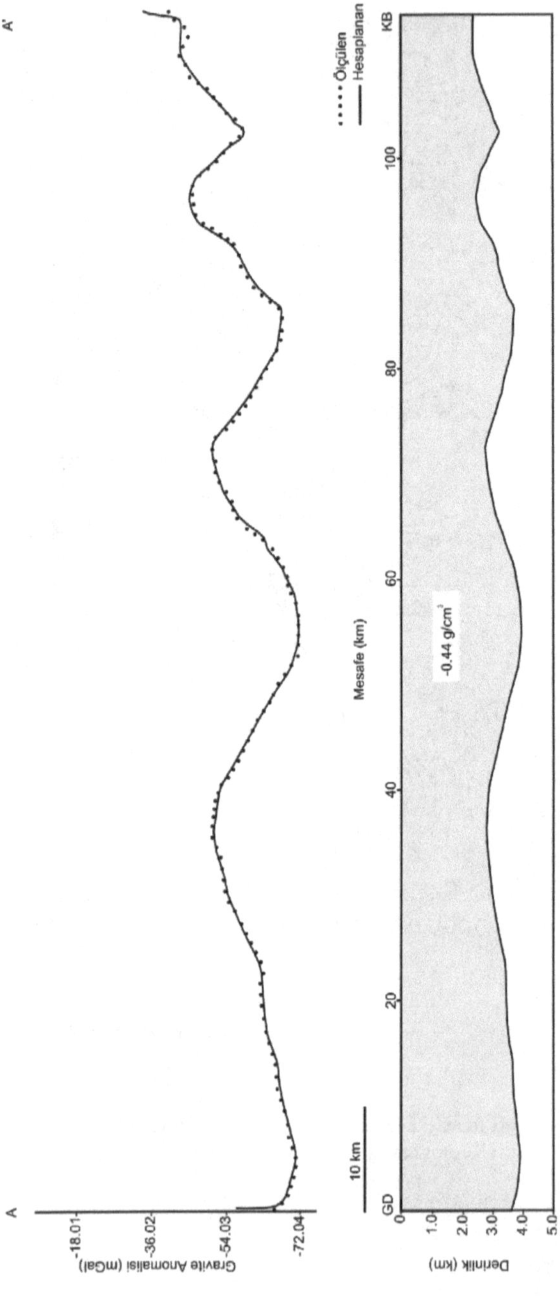


**Şekil 5.2** A-A' profiline ait gravite anomalisinden oluşturulan 2.5-B gravite modeli

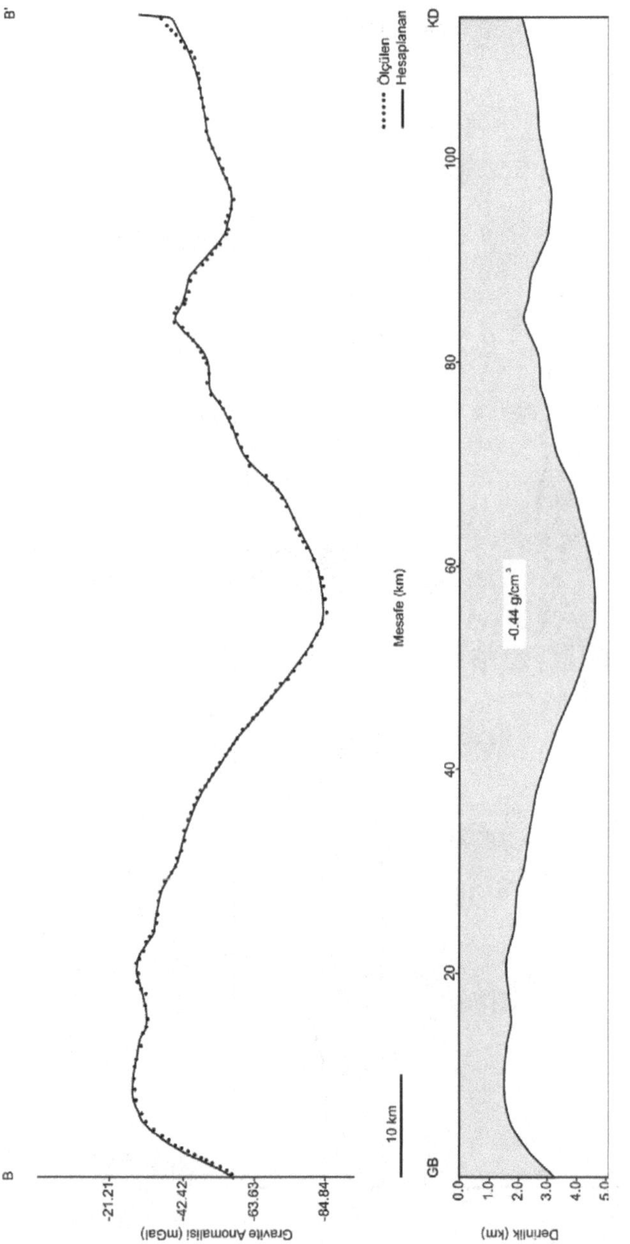


**Şekil 5.3** B-B' profiline ait gravite anomalisinden oluşturulan 2.5-B gravite modeli

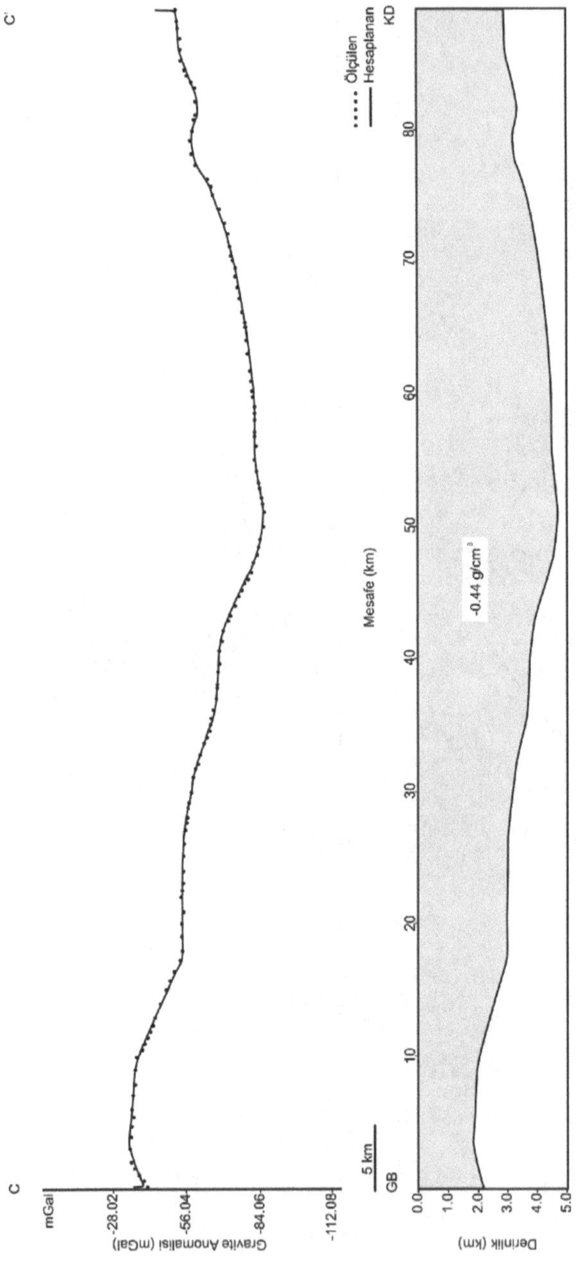


**Şekil 5.4** C-C' profiline ait gravite anomalisinden oluşturulan 2.5-B gravite modeli

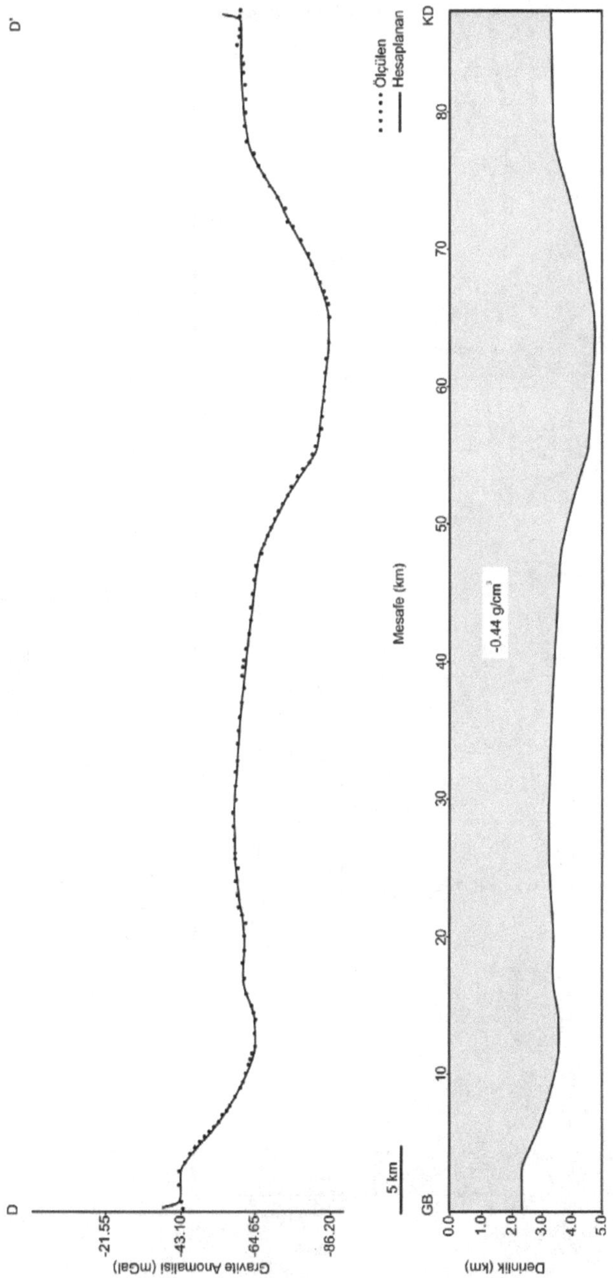


**Şekil 5.5** D-D' profiline ait gravite anomalisinden oluşturulan 2.5-B gravite modeli

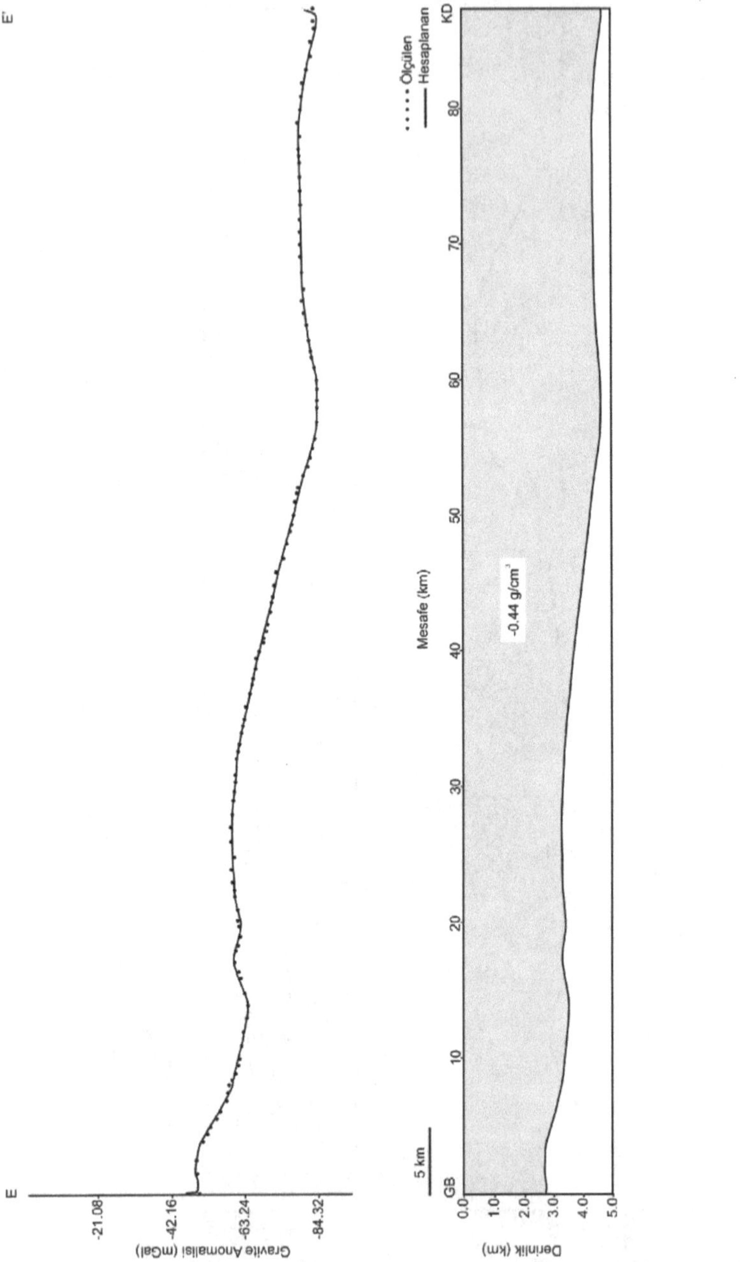


**Şekil 5.6** E-E' profiline ait gravite anomalisinden oluşturulan 2.5-B gravite modeli

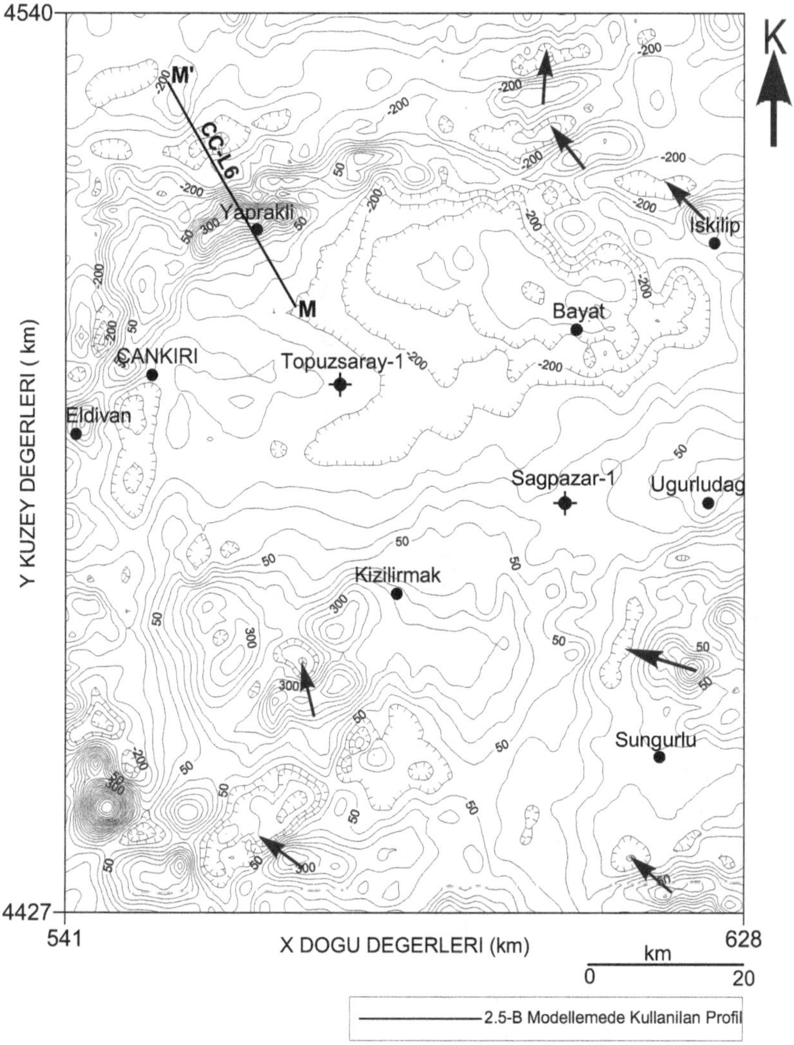


**Şekil 5.7** 2.5-B modellemede kullanılan profilin yer aldığı manyetik anomali haritası (oklar anomalilerdeki kalıntı mıknatıslanmanın yönünü göstermektedir) (Kontur aralığı:50 nT)

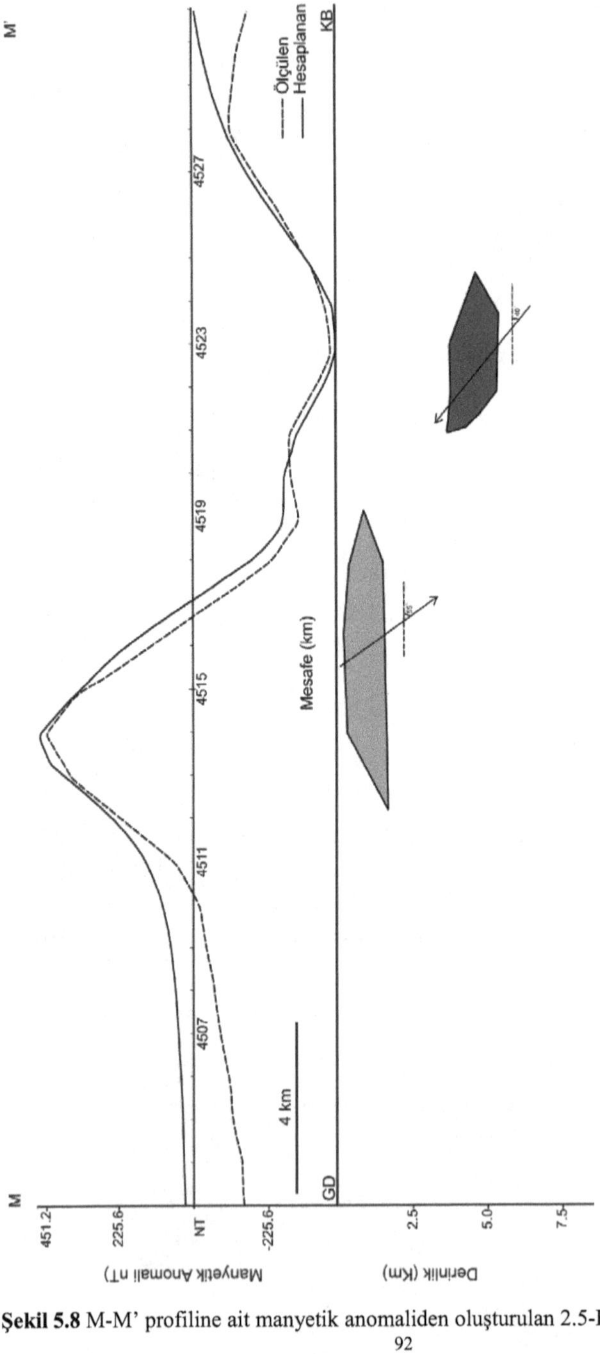


**Şekil 5.8** M-M' profiline ait manyetik anomaliden oluşturulan 2.5-B manyetik model

### 5.1.2. İki Buçuk Boyutlu (2.5-B) Gravite Modelleriyle Sismik Yorumun Karşılaştırılması

Bu çalışmada sismik kesitler sadece havza temelini temsil eden refleksiyon takip edilecek şekilde yorum yapılmıştır. Genel olarak sismik kesitlerin kalitesi yorumlanabilir nitelikteyken bazı kesitlerde ise bölgedeki evaporitlerin bozucu etkileri, yine bölge jeolojisinde baskın olan tektonizmadan özellikle evaporitlerden kaynaklı tuz tektoniğinin etkisiyle oldukça kötü kalitede sismik kesitlerin elde edilmesine neden olmuştur. Özellikle yüzeyde ve/veya sığ derinliklerideki evaporitlerin sismik kaliteye çok olumsuz yönde etkilerinin olduğu açıkca gözlenmektedir. Bu yönüyle sismik kesitlerin yüzeydeki ve/veya derinlerdeki evaporit etkisini azaltmak üzere çok dikkatli bir şekilde yapılacak statik düzeltmeler sonrası yeniden veri işleme tutulması önerilmektedir. Bölgede bundan sonra tekrar sismik veri toplama faaliyeti yürütülecekse yukarıdaki önerinin dikkate alınması gerekliliği ortaya çıkmaktadır. Sismik kesitlerin yorumunda ve yorumun 2.5-B gravite profillerinden oluşturulan derinlik hesaplarıyla karşılaştırıldığında karşılaşılan en büyük sorunun havza temelinin sığlaştığı alanlarda olduğu gözlenmiştir. Havza temelinin derin olduğu alanlarda ise çok daha uyumlu ve karşılaştırılabilir sonuçlar alınmıştır. Bu nedenle sismik kesitlerin özellikle sığ kesimlere odaklanacak şekilde hız analizine tabi tutulmak kaydıyla yeniden veri işlem yapılması da önerilmektedir. Özellikle de sığ derinliklere odaklanmış hız analizi ile bu sorunun azaltılabileceği ya da ortadan kaldırılabileceği düşünülmektedir. Buna paralel olarak bir potansiyel alan verisi olan gravite verilerinden 2.5-B modelinin vereceği derinliklerin sismik kesitlerle bire bir uyumlu olması elbette beklenemez. Ancak bu uyumu yakalamak ya da artırmak için (daha sağlıklı model kurabilmek için) çalışma alanında çok sık aralıklarla numune toplanması da düşünülmelidir. Numune alımı sırasında da bölgedeki gerek temel kayaçlar, gerek sedimanter istifi oluşturan birimler ve gerekse yüzeyi örten tüm kayaçlardan olabildiğince çok örnek alınmalıdır. Böylece oluşturulacak modellerin çok daha sağlıklı ve sismik kesitlerle çok daha uyumlu olması beklenebilir.

CC-L3 nolu kesitte temel konumundaki seviye aniden sürekliliğini yitirmektedir. Temelin üzerindeki katmanlarda hem düşey yoğunluk farklılaşmasından, hem de sokulum yapan kütleler nedeniyle yanal hız değişimlerinden kaynaklanan yoğunluk farklılıkları vardır. Bu sebeplerle temelin üzerindeki birimlerin hızları ortalama 3800 m/s olabilir. Bu hız değerleri, temel ile üzerindeki sedimanlar arasında -0.44 yoğunluk farkına neden olmaktadır. Ancak sismik veri işlem aşamasında ortamın yatay yönde çok katmanlı olması, düşey yönde sokulumların bulunması nedeniyle bu yönde ani değişimlerin olması sismik verilerin işlemleri esnasında hız bilgisinin yer yer doğru olamayabileceği izlenimini oluşturmuştur.

Temelin üzerindeki çökel birimler çok katmanlı olup katmanlar arası ani hız artışları ve ani hız azalmaları gözlenmektedir. Ayrıca bu sediman birimlerin temelden gelen bazı birimlerle kesilmeleri söz konusudur. Bunlara en güzel örnek CC-L4 nolu kesitin ortalarında sediman birimlerde ani süreksizlik gözlenmekte olup sediman birimlerin burada uçları yukarı doğru kıvrımlanmıştır. Bu da derinden gelen, muhtemelen mağmatik bir kütlenin bu sedimanları yukarı doğru itelemesinden kaynaklanmaktır. Bu nedenlerle temel derinlikleri gravite modellerinde, sismik temel derinliğinden elde edilen derinliğe göre daha güvenilir kabul edilebilir. Temelin belirgin olduğu yerler sürekli çizgilerle işaretlenmiştir. Yukarıda değinilen nedenlerle temelin belirgin olmadığı yerler çizilmemiştir. Manyetik modelde gözlenen yüzeye yakın ofiyolitin ve daha derinde olan kütlenin ters mıknatıslı yapının bulunması, ayrıca kuyularda kesilen çok kalın tuz katmanının varlığı, bölgenin geçmişte aktif ve karmaşık tektonizmaya maruz kalmış olması, sismik kesitlerde ani süreksizliklere neden olmuş ve bu durum gravite ve manyetik anomalilere de yansımıştır.

Şekil 5.9, 5.11, 5.13, 5.15, 5.17 'de sismik hatların yorumsuz kesitleri ve Şekil 5.10, 5.12, 5.14, 5.16 ve 5.18'de ise aynı hattın yorumlanmış hali ve kesitin üzerinden geçen gravite profili ile bu profilden elde edilen model görülmektedir. Bu şekilde; en üstte gravite profili görülmektedir. Noktalarla ifade edilen ölçülen gravite değerleri, sürekli çizgiyle gösterilen ise hesaplanan değerlerdir. Ortada bu profilden elde edilen model verilmiştir. Bu model üzerinde sismik kesitin geldiği alan düşey çizgilerle gösterilmiştir. Yine kesikli çizgilerle en altta verilen sismik kesite bağlanarak bu alan tekrar işaret edilmiştir.

#### 5.1.2.1 CC-L1 Kesiti

Hattın GD ucundaki derinlikler ile 2.5-B gravite modeli arasındaki derinlikler oldukça uyumludur (Şekil 5.10). Bu uyum hattın ortasındaki ters faya yaslı antiklinalin olduğu alana kadar devam etmektedir ancak havza temelinin sığlaştığı hattın orta kesiminde belirgin bir farklılık ön plana çıkmaktadır. Hattın KB ucuna doğru antiklinalin KB yamaçlarından itibaren tekrar bir uyum sağlandığı en azından farklılığın azaldığı görülmektedir. Bu kesitte havza temeli olarak izlenen seviyenin 2.5-B modele benzer geometride olduğu dikkat çekmektedir. Hattın orta kesiminde (VP-5 ve VP-9 arasında) kalan antiklinalin Topuzsaray yükseliminin doğu kesimlerini ifade ettiği sanılmaktadır (Çizelge 5.1, Şekil 5.9 ve 5.10). Bu antiklinal Topuzsaray-1 kuyusu açılmış ve hidrokarbon yönünden test edilmiştir. Topuzsaray-1 kuyusundaki stratigrafik dikme kesit incelendiğinde tüflü ve volkanik serinin tekrarlandığı ve Yozgat

Formasyonundan sonra yeniden tüflü ve volkanik seriye girildiği görülmektedir. Her nekadar Şekil 4.9'da bu birimler farklı formasyonlar olarak adlandırılmışsa da (burada PİGM'den alınan kuyu kompozit loguna bağlı kalınmıştır) yine de ters fayla bir tekrarlanma olma olasılığı yüksek görülmektedir. Ancak sismik kesitte görülen ters fayın atımı çok fazla değildir. Fayın Topuzsaray-1'e doğru uzanması durumunda bu atım Topuzsaray-1 kuyusunda çok daha fazla hale gelmiş olabilir. Bu olasılık doğru ise Şekil 4.9'daki tüf ve volkanik tekrarlanmaların ters faydan kaynaklanmış olduğu sonucu doğrulanmaktadır. Bu durumda batıya doğru atılacak yeni sismik hatlarla fayın izlenmesi, uzanımı ve atımının haritalanması önerilebilir.

**Çizelge 5.1** CC-L1 nolu sismik kesite ait hız ve derinlik değerleri

| Velocity Point | t (s) | v (m/s) | d (m) |
|---|---|---|---|
| VP-1 | 2.06 | 3757 | 3870 |
| VP-2 | 1.9 | 3920 | 3724 |
| VP-3 | 1.59 | 3668 | 2916 |
| VP-4 | 1.53 | 3499 | 2677 |
| VP-5 | 1.35 | 3846 | 2596 |
| VP-6 | 0.99 | 3834 | 1898 |
| VP-7 | 1.0 | 3702 | 1851 |
| VP-8 | 1.250 | 3897 | 2436 |
| VP-9 | 1.39 | 3799 | 2640 |
| VP-10 | 1.45 | 3870 | 2806 |
| VP-11 | 1.42 | 3704 | 2630 |
| VP-12 | 1.42 | 3675 | 2609 |

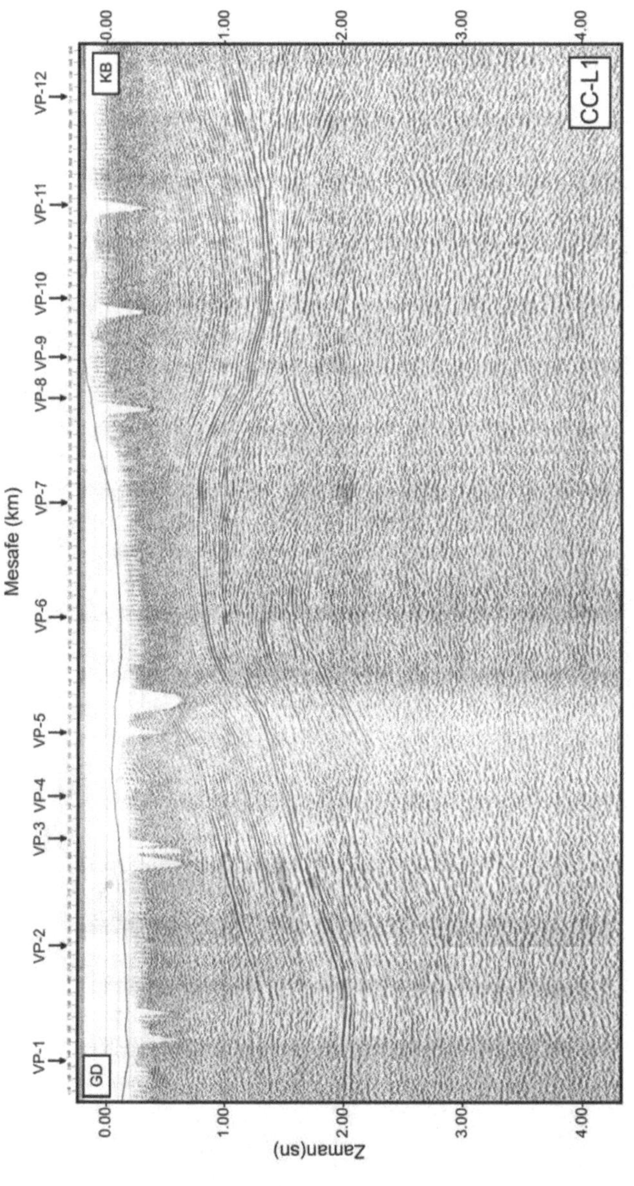


**Şekil 5.9** CC-L1 nolu sismik kesit

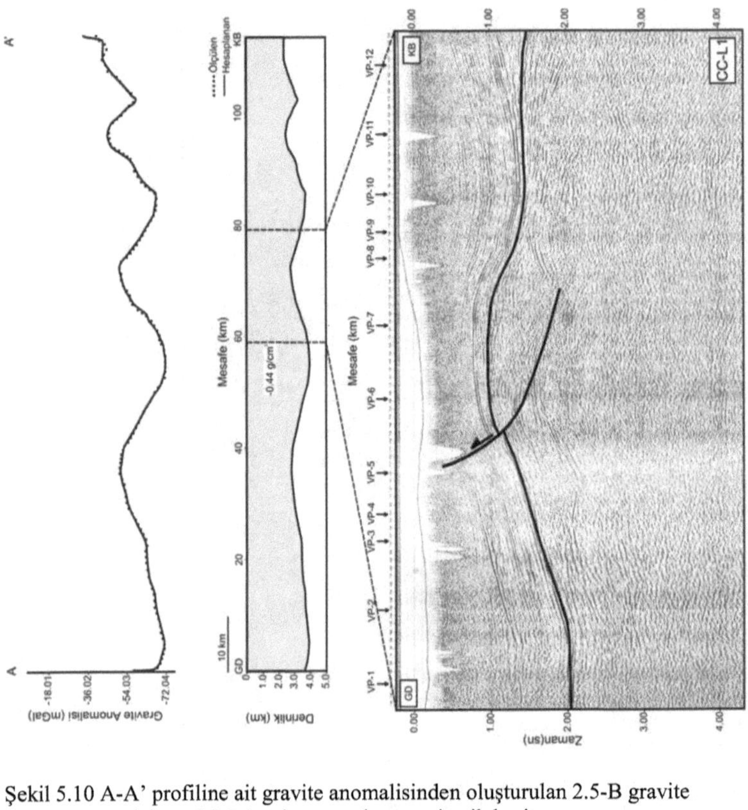


Şekil 5.10 A-A' profiline ait gravite anomalisinden oluşturulan 2.5-B gravite modeli ve CC-L1 nolu yorumlanmış sismik kesit

#### 5.1.2.2 CC-L2 Kesiti

Yukarıda da sözü edildiği üzere bu kesitte de KD kesiminde ki derin alanlarda sismik ile gravite modeli arasında birebir uyum gözlenmektedir (Şekil 5.12). Ancak kesitin ortalarından itibaren GB'ya doğru basen temelinin iyice sığlaştığı alanlarda gravite modeline oranla ciddi farklılıklar gözlenmektedir (Çizelge 5.2). Bu farklılıkların yukarıda açıklanan sebeplerden kaynaklandığı düşünülmektedir. Her nekadar kesitin GB'sında önemli bir uyumsuzluk olsa da sismik kesitte yorumlanan ve havza temelini temsil ettiği kabul edilen yansımaların geometrisi ile gravite modelinde gözlenen geometrinin birebir uyumlu olduğu söylenebilir (Şekil 5.11 ve 5.12).

**Çizelge 5.2** CC-L2 nolu sismik kesite ait hız ve derinlik değerleri

| Velocity Point | t (s) | v (m/s) | d (m) |
|---|---|---|---|
| VP-1 | 0 | 0 | 0 |
| VP-2 | 0.2 | 2500 | 250 |
| VP-3 | 0.480 | 2704 | 649 |
| VP-4 | 0.8 | 3025 | 1210 |
| VP-5 | 1.080 | 3230 | 1744 |
| VP-6 | 1.3 | 3500 | 2275 |
| VP-7 | 1.370 | 3335 | 2118 |
| VP-8 | 1.6 | 3900 | 3120 |
| VP-9 | 1.790 | 3527 | 3157 |
| VP-10 | 2.030 | 3759 | 3815 |
| VP-11 | 2.25 | 3700 | 3157 |
| VP-12 | 2.25 | 3720 | 4185 |

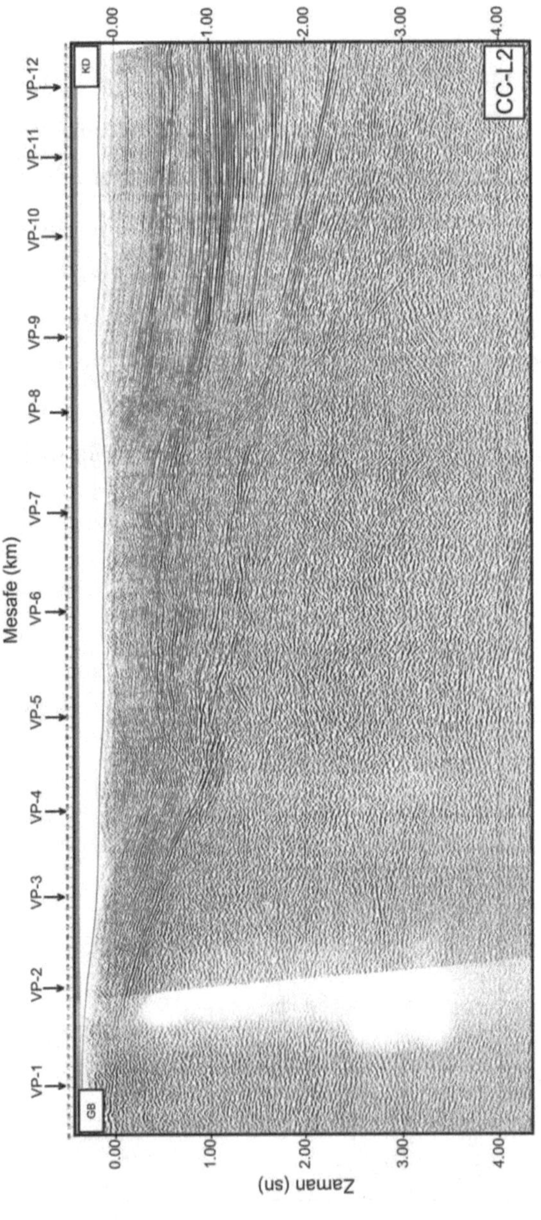


**Şekil 5.11** CC-L2 nolu sismik kesit

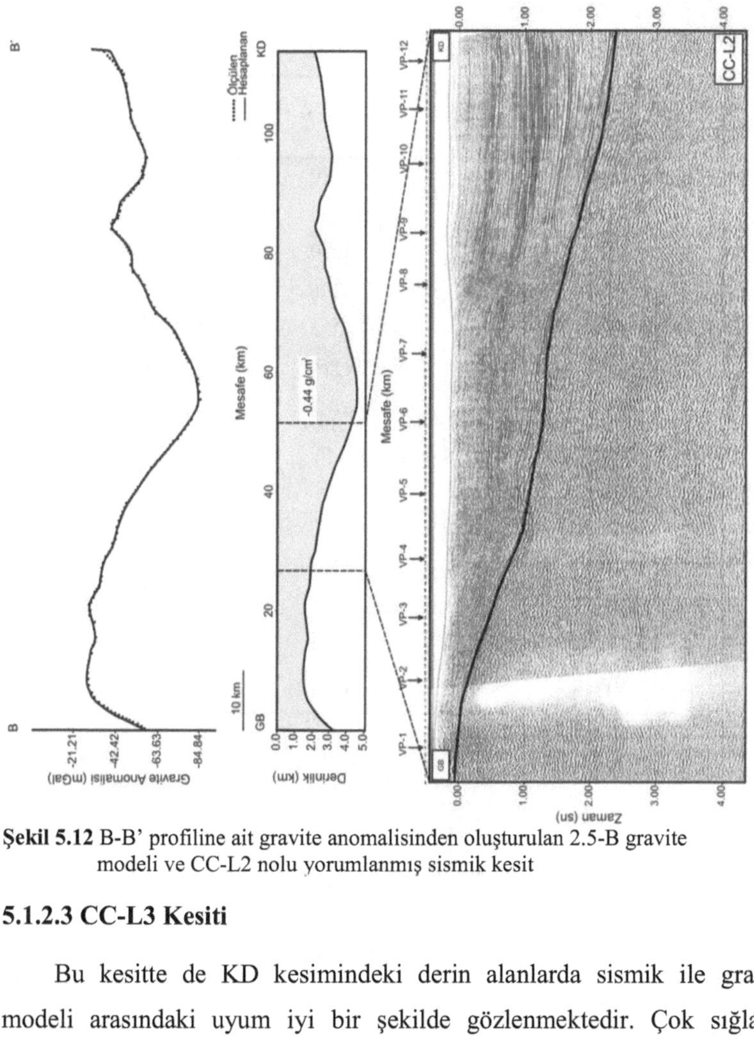


**Şekil 5.12** B-B' profiline ait gravite anomalisinden oluşturulan 2.5-B gravite modeli ve CC-L2 nolu yorumlanmış sismik kesit

### 5.1.2.3 CC-L3 Kesiti

Bu kesitte de KD kesimindeki derin alanlarda sismik ile gravite modeli arasındaki uyum iyi bir şekilde gözlenmektedir. Çok sığlarda gözlenen uyumsuzluk bazen temelin çok derin olduğu yerlerde de gözlenmektedir (Çizelge 5.3). Sismik kesitte yorumlanan ve havza temelini temsil ettiği kabul edilen yansımaların geometrisi ile gravite modelinde gözlenen geometrinin birebir uyumlu olduğu oldukça açıktır (Şekil 5.13 ve Şekil 5.14).

**Çizelge 5.3** CC-L3 nolu sismik kesite ait hız ve derinlik değerleri

| Velocity Point | t (s) | v (m/s) | d (m) |
|---|---|---|---|
| VP-1 | 0.9 | 3740 | 1683 |
| VP-2 | 1.0 | 3833 | 1917 |
| VP-3 | 1.2 | 4000 | 2400 |
| VP-4 | 1.32 | 4096 | 2703 |
| VP-5 | 1.5 | 4300 | 3225 |
| VP-6 | 1.59 | 4216 | 3352 |
| VP-7 | 1.65 | 4163 | 3434 |
| VP-8 | 1. 8 | 4300 | 3870 |
| VP-9 | 1.95 | 4450 | 4339 |
| VP-10 | 2.22 | 4573 | 5076 |
| VP-11 | 2.45 | 4700 | 5758 |
| VP-12 | 2.6 | 4800 | 6240 |
| VP-13 | 2.6 | 4914 | 6388 |
| VP-14 | 2.6 | 4914 | 6388 |

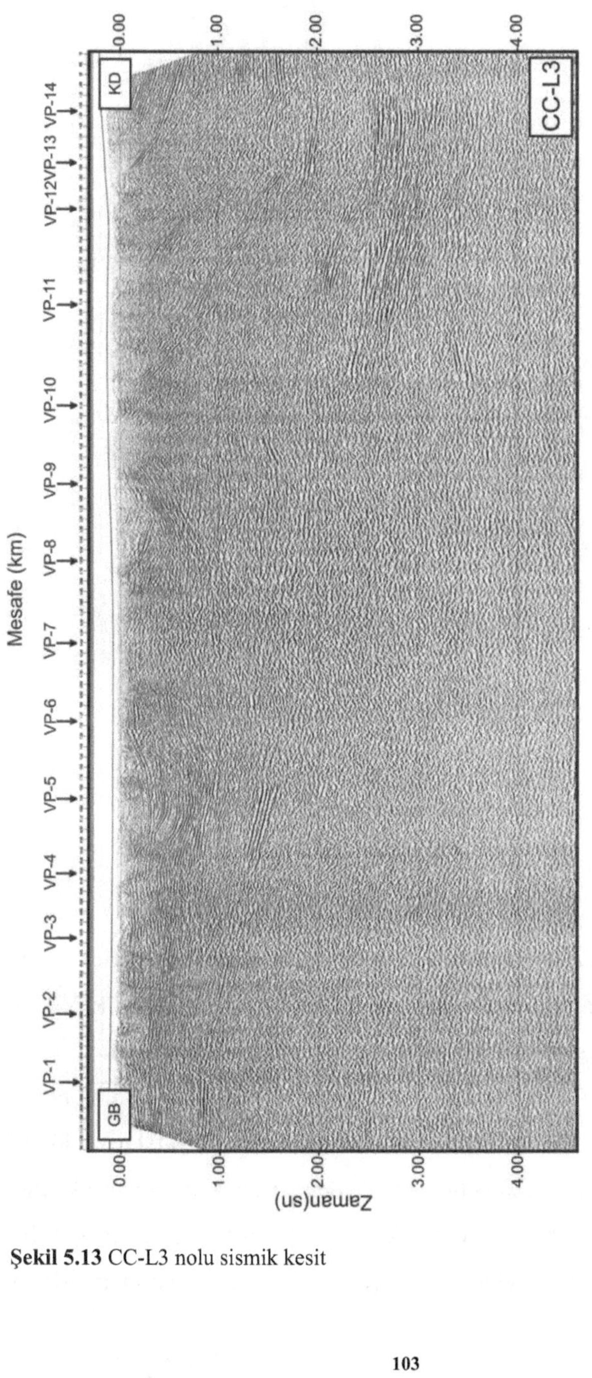


**Şekil 5.13** CC-L3 nolu sismik kesit

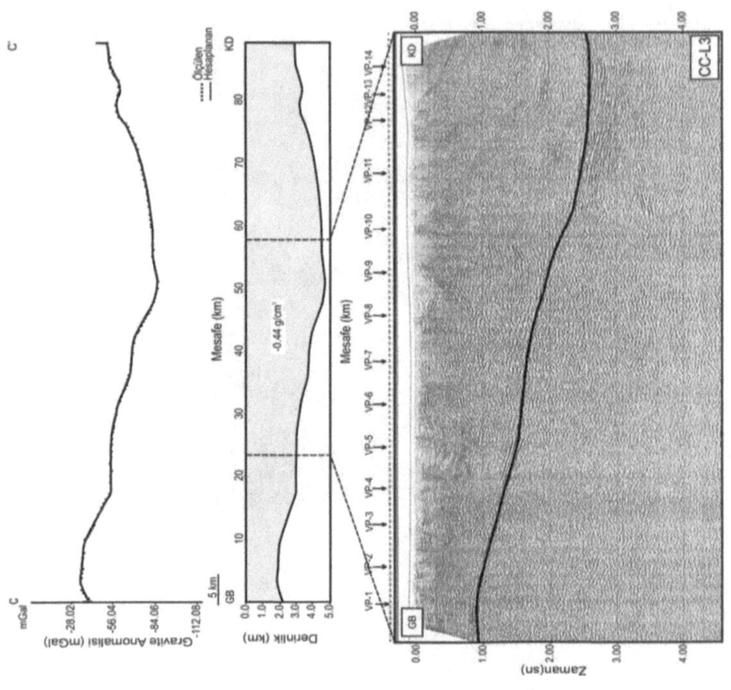

**Şekil 5.14** C-C' profiline ait gravite anomalisinden oluşturulan 2.5-B Gravite modeli ve CC-L3 nolu yorumlanmış sismik kesit

### 5.1.2.4 CC-L4 Kesiti

Sismik kalitenin elverdiği ölçüde kesitin GB' sından ortalarına kadar havza temeli izlenmeye çalışılmıştır. VP-10'dan itibaren VP-16 ile VP-17 arasındaki zona kadar yoğun bir tuz tektoniği olduğu sismik kesitten, arazi gözlemlerinden ve Sağpazar-1 kuyusunda kesilen litolojilerden bilinmektedir. Tuz tektoniğinin sismik kesit üzerinde yaratmış olduğu bozuşmadan dolayı, havza temelini temsil eden yansıma izlenememektedir. Ancak izlenebilen alanda ki derinlikler ve geometri 2.5-B model ile oldukça uyumludur. Tuz tektoniğinin gözlendiği alanda havza temelinin derinleştiği 2.5-B modelde görülmektedir (Çizelge 5.4, Şekil 5.15 ve Şekil 5.16). Ancak bu derinleşmenin varlığı şüphelidir. Burada görülen derinleşme evaporitlerin yaratmış olduğu etkiden de kaynaklanmış olabilir. Nitekim Sağpazar-1 kuyusu 1630 m'de evaporitlere girmiş ve 3700 m'ye kadar evaporit ağırlıklı bir istif kesmiştir (bu istifin kalınlığı yaklaşık 2070 m'dir). Ancak kuyunun son derinliğinde dahi evaporitler devam etmektedir. Bu durumda evaporitlerin gerçek kalınlığının ne olduğu bilinmemektedir. Kuyu evaporit seviyesi içerisinde bitirilmiştir (Şekil 4.6).

**Çizelge 5.4** CC-L4 nolu sismik kesite ait hız ve derinlik değerleri

| **Velocity Point** | **t (s)** | **v (m/s)** | **d (m)** |
|---|---|---|---|
| VP-1 | 1.8 | 3200 | 2880 |
| VP-2 | 1.9 | 3333 | 3166 |
| VP-3 | 1.95 | 3400 | 3315 |
| VP-4 | 1.96 | 3611 | 3539 |
| VP-5 | 2.0 | 3500 | 3500 |
| VP-6 | 2.1 | 3300 | 3465 |
| VP-7 | 2.29 | 3606 | 4129 |
| VP-8 | 2.35 | 3480 | 4089 |
| VP-9 | 2.3 | 4550 | 5233 |

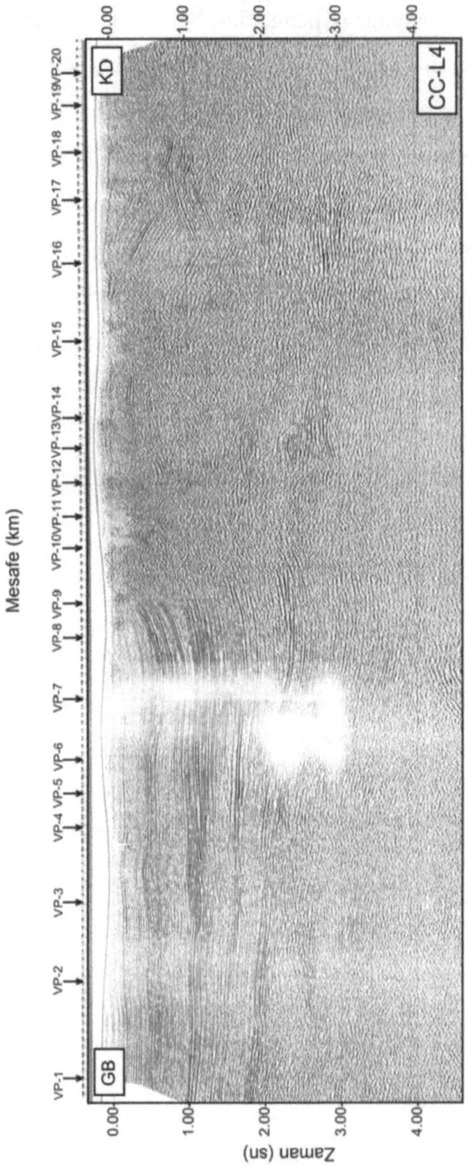


**Şekil 5.15** CC-L4 nolu sismik kesit

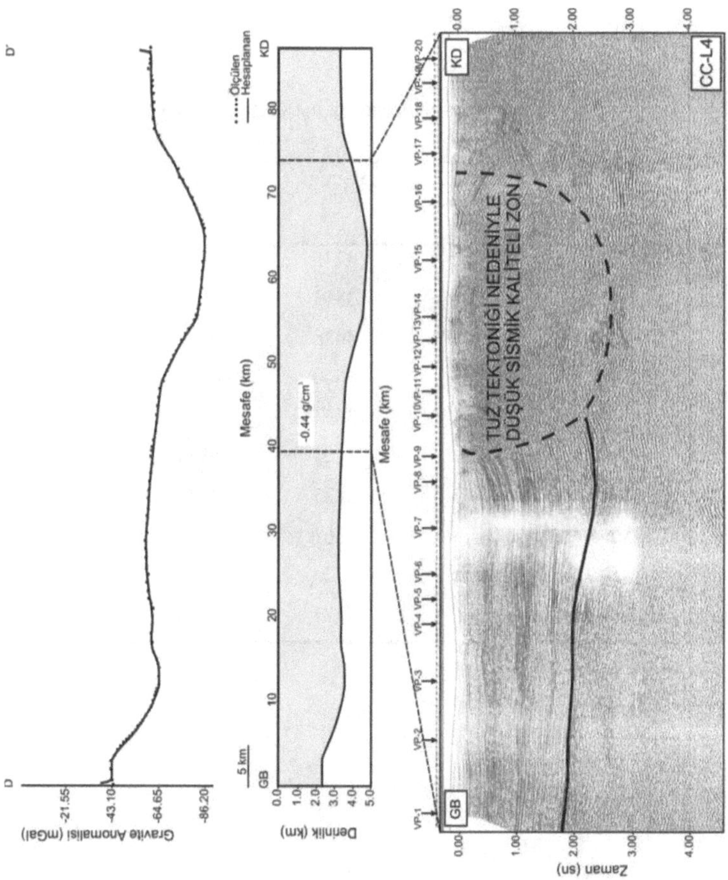


**Şekil 5.16** D-D' profiline ait gravite anomalisinden oluşturulan 2.5-B gravite modeli ve CC-L4 nolu yorumlanmış sismik kesit

## 5.1.2.5 CC-L5 Kesiti

Sismik kesit üzerinde temel birim oldukça derinde izlendiğinden 2.5-B modelle en uyumlu kesit budur ve geometriler oldukça birbirine benzer şekilde gözlenmiştir. Herhangi bir sığlaşma olmadığından diğer kesitlerin sığ bölgelerinde gözlenen uyumsuzluklar bu kesitte gözlenmemiştir (Çizelge 5.5, Şekil 5.17 ve Şekil 5.18).

**Çizelge 5.5** CC-L5 nolu sismik kesite ait hız ve derinlik değerleri

| **Velocity Point** | **t (s)** | **v (m/s)** | **d (m)** |
|---|---|---|---|
| VP-1 | 2.2 | 3775 | 4153 |
| VP-2 | 2.42 | 3813 | 4614 |
| VP-3 | 2.5 | 4038 | 5048 |
| VP-4 | 2.55 | 3600 | 4590 |
| VP-5 | 2.6 | 3633 | 4723 |
| VP-6 | 2.57 | 4003 | 5144 |
| VP-7 | 2.45 | 3825 | 4686 |
| VP-8 | 2.4 | 4367 | 5240 |
| VP-9 | 2.3 | 4520 | 5198 |
| VP-10 | 2.2 | 4375 | 4813 |

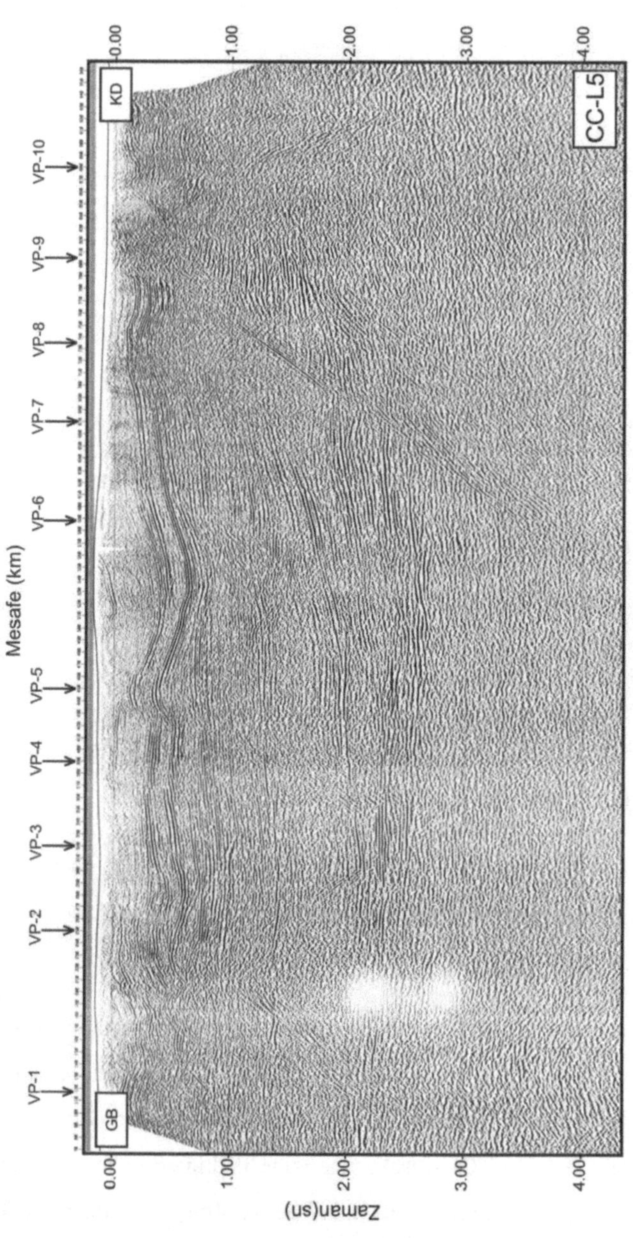


**Şekil 5.17** CC-L5 nolu sismik kesit

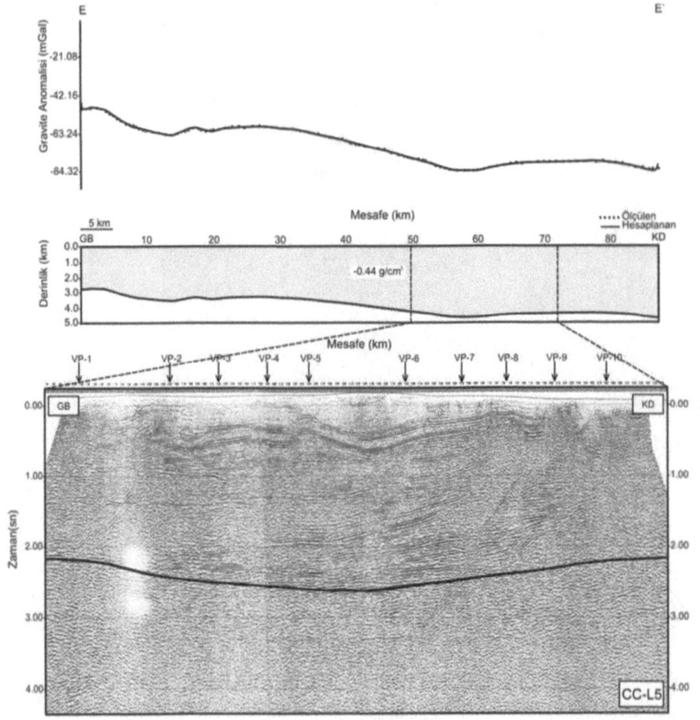


**Şekil 5.18** E-E' profiline ait gravite anomalisinden oluşturulan 2.5-B gravite modeli ve CC-L5 nolu yorumlanmış sismik kesit

## 5.2. Organik Jeokimyasal Değerlendirmeler

### 5.2.1. TOC-Rock-Eval Piroliz Analizi

İncelenen örneklerin organik madde zenginliği, organik madde tipi, diyajenetik gelişim süreci ve hidrokarbon türetme potansiyeline ilişkin veriler TOC-Rock Eval Piroliz analizi ile değerlendirilmiştir. İnceleme alanına ait 26 adet örneğin TOC-Piroliz analizine ilişkin sonuçlar ve elde edilen bazı parametreler Çizelge 5.6 ve 5.7'de verilmiştir. Bunlardan 3 adedi kömür örneği olup (Alpagut-Dodurga, Evlik ve İncesu kömür sahası örnekleri) diğer örnekler şeyl ve karbonatlı düzeylerden alınan sistematik ve noktasal yüzey örnekleridir. Rock-Eval piroliz analizi sonuçları Peters (1986) ve Lafarqué vd. (1998)'e göre yorumlanmıştır.

Çizelge 5.6'da verilen bazı kısaltmalara ait açıklamalar:

TOC: Toplam Organik karbon (%), S1 ve S2: Kerojenin parçalanması ile oluşan hidrokarbonlar (mg HC/ g kaya), S3: $CO_2$ değeri (mg $CO_2$/g kaya), Tmax: Maksimum Sıcaklık ($^oC$), HI: Hidrojen Indeksi (mg HC/ g TOC), OI: Oksijen Indeksi (mg $CO_2$/g TOC), RC: Kalıntı karbon (%), PC: Piroliz edilen karbon (%), MinC: Mineral karbon (%)Çizelge 5.7'de verilen bazı kısaltmalara ait açıklamalar:

PI; Üretim İndeksi (mg HC/g TOC), S2/S3; Hidrokarbon tip indeksi, PY (S1+S2); Potansiyel verim (mg HC/g TOC)

**Çizelge 5.6** İncelenen örneklerin TOC ve Rock Eval piroliz analizi sonuçları

| Örnek No | Formasyon | Litoloji | TOC | S1 | S2 | S3 | Tmax | HI | OI | RC | PC |
|---|---|---|---|---|---|---|---|---|---|---|---|
| M-2 | Yapraklı | Kireçtaşı | 0.1 | 0 | 0.01 | 0.32 | 492 | 10 | 320 | 0.09 | 0.01 |
| M-10 | Yoncalı | Marn | 0.35 | 0.08 | 0.05 | 0.44 | 336 | 14 | 126 | 0.32 | 0.03 |
| S-3 | | Marn | 0.11 | 0.01 | 0.02 | 0.39 | 337 | 18 | 355 | 0.09 | 0.02 |
| UDÇ-1 | | Marn | 0.37 | 0 | 0.08 | 0.35 | 431 | 22 | 95 | 0.34 | 0.03 |
| UDÇ-5 | | Marn | 0.23 | 0 | 0.04 | 0.14 | 429 | 17 | 61 | 0.22 | 0.01 |
| UDÇ-6 | | Marn | 0.38 | 0 | 0.14 | 0.23 | 433 | 37 | 61 | 0.35 | 0.03 |
| UDÇ-10 | | Marn | 0.37 | 0 | 0.08 | 0.11 | 425 | 22 | 30 | 0.35 | 0.02 |
| UDÇ-12 | | Marn | 0.26 | 0 | 0.08 | 0.04 | 428 | 31 | 15 | 0.25 | 0.01 |
| UDÇ-13 | | Marn | 0.33 | 0.01 | 0.1 | 0.11 | 425 | 30 | 33 | 0.31 | 0.02 |
| UDÇ-16 | | Marn | 0.73 | 0.01 | 0.23 | 0.33 | 436 | 32 | 45 | 0.69 | 0.04 |
| UDÇ-18 | | Marn | 0.86 | 0.01 | 0.33 | 0.28 | 436 | 38 | 33 | 0.81 | 0.05 |
| Y-2 | | Marn | 0.61 | 0 | 0.24 | 0.27 | 433 | 39 | 44 | 0.57 | 0.04 |
| Y-5 | | Marn | 1.05 | 0.01 | 0.63 | 0.45 | 439 | 60 | 43 | 0.97 | 0.08 |
| Y-7 | | Marn | 0.99 | 0.01 | 0.63 | 0.34 | 438 | 64 | 34 | 0.91 | 0.08 |
| Y-8 | | Kumtaşı | 2.92 | 0.01 | 2.44 | 0.9 | 438 | 84 | 31 | 2.65 | 0.27 |
| Y-9 | | Kumtaşı | 3.9 | 0.05 | 3.86 | 1.52 | 434 | 99 | 39 | 3.47 | 0.43 |
| Y-10 | | Kumtaşı | 3.71 | 0.02 | 2.94 | 1.57 | 439 | 79 | 42 | 3.37 | 0.34 |
| S-1 | | Kumtaşı | 4.97 | 0.03 | 5.18 | 1.58 | 435 | 104 | 32 | 4.42 | 0.55 |
| İ-2 | Karabalçık | Şeyl | 0.2 | 0.01 | 0.02 | 0.59 | 447 | 10 | 295 | 0.17 | 0.03 |
| İ-4 | | Kireçtaşı | 0.23 | 0.02 | 0.03 | 0.9 | 447 | 13 | 391 | 0.19 | 0.04 |
| İ-5 | | Şeyl | 0.13 | 0 | 0.02 | 0.19 | 430 | 15 | 146 | 0.12 | 0.01 |
| YÇ-3 | Kocaçay | Kireçtaşı | 0.39 | 0.01 | 0.24 | 0.54 | 428 | 62 | 138 | 0.35 | 0.04 |
| YÇ-4 | | Marn | 0.05 | 0.01 | 0.02 | 0.24 | 441 | 40 | 480 | 0.04 | 0.01 |
| Çİ-1 | İncesu Kömür Sahası | Kömür | 9.42 | 0.37 | 10.07 | 3.98 | 426 | 107 | 42 | 8.28 | 1.14 |
| ÇE-1 | Evlik Kömür Sahası | Kömür | 26.56 | 0.45 | 20.98 | 27.33 | 422 | 79 | 103 | 23.43 | 3.13 |
| ÇD-1 | Dodurga Kömür Sahası | Kömür | 53.5 | 0.31 | 72.41 | 14.55 | 419 | 135 | 27 | 46.27 | 7.23 |

**Çizelge 5.7** İncelenen örneklerin Piroliz analizi sonuçlarından elde edilen parametreler ve vitrinit yansıma değerleri

| Örnek No | Formasyon | Litoloji | PI | S1/TOC | S2/S3 | PY | Ro |
|---|---|---|---|---|---|---|---|
| M-2 | Yapraklı | Kireçtaşı | 0 | 0.00 | 0.03 | 0.01 | 0.37 |
| M-10 | Yoncalı | Marn | 0.62 | 0.23 | 0.11 | 0.13 | 0.39 |
| S-1 | | Kumtaşı | 0.01 | 0.01 | 3.28 | 5.21 | 0.48 |
| S-3 | | Marn | 0.31 | 0.09 | 0.05 | 0.03 | 0.39 |
| UDÇ-1 | | Marn | 0.05 | 0.00 | 0.23 | 0.08 | 0.35 |
| UDÇ-5 | | Marn | 0.05 | 0.00 | 0.29 | 0.04 | 0.41 |
| UDÇ-6 | | Marn | 0.01 | 0.00 | 0.61 | 0.14 | 0.33 |
| UDÇ-10 | | Marn | 0.04 | 0.00 | 0.73 | 0.08 | 0.45 |
| UDÇ-12 | | Marn | 0.06 | 0.00 | 2.00 | 0.08 | 0.43 |
| UDÇ-13 | | Marn | 0.08 | 0.03 | 0.91 | 0.11 | 0.34 |
| UDÇ-16 | | Marn | 0.02 | 0.01 | 0.70 | 0.24 | 0.41 |
| UDÇ-18 | | Marn | 0.02 | 0.01 | 1.18 | 0.34 | 0.43 |
| Y-2 | | Marn | 0.01 | 0.00 | 0.89 | 0.24 | 0.40 |
| Y-5 | | Marn | 0.02 | 0.01 | 1.40 | 0.64 | 0.49 |
| Y-7 | | Marn | 0.01 | 0.01 | 1.85 | 0.64 | - |
| Y-8 | | Kumtaşı | 0.01 | 0.00 | 2.71 | 2.45 | - |
| Y-9 | | Kumtaşı | 0.01 | 0.01 | 2.54 | 3.91 | - |
| Y-10 | | Kumtaşı | 0.01 | 0.01 | 1.87 | 2.96 | - |
| İ-2 | Karabalçık | Şeyl | 0.34 | 0.04 | 2.53 | 10.44 | - |
| İ-4 | | Kireçtaşı | 0.39 | 0.02 | 0.77 | 21.43 | 0.44 |
| İ-5 | | Şeyl | 0.18 | 0.01 | 4.98 | 72.72 | - |
| YÇ-3 | Kocaçay | Kireçtaşı | 0.03 | 0.03 | 0.44 | 0.25 | - |
| YÇ-4 | | Marn | 0.24 | 0.20 | 0.08 | 0.03 | 0.38 |
| Çİ-1 | İncesu Kömürü | Kömür | 0.04 | 0.05 | 0.03 | 0.03 | 0.50 |
| ÇE-1 | Evlik Kömürü | Kömür | 0.02 | 0.09 | 0.03 | 0.05 | 0.42 |
| ÇD-1 | Dodurga Kömürü | Kömür | 0 | 0.00 | 0.11 | 0.02 | 0.52 |

### 5.2.1.1 Organik Madde Miktarı

Kaynak kayaların petrol türetebilmeleri ve oluşan petrolün atılması (expulsion) için belirli miktarda organik madde içermesi gerekir. Sedimanter kayaçlardaki organik madde miktarı, ağırlık yüzdesi olarak verilen Toplam Organik Karbon (TOC) değeri ile ifade edilir. Petrol türümü için sınır değer; karbonatlı kayaçlar için %0.3, şeyller için ise %0.5'dir (Tissot ve Welte, 1984). Aslında TOC değeri gerçek bir petrol potansiyel belirteci olmayıp özellikle hidrojen indeksini ortaya koyan ve etkileyen organik madde türü daha önemlidir. Örneğin; grafit %100 karbondan oluşur ancak petrol türetme potansiyeli yoktur. Yine bazı Tersiyer deltaik çökeller %5'den fazla TOC değerindedir. Ancak organik maddenin karasal nitelikte olması gaz türetme veya inert özelliğini arttırır ve dolayısıyla çok az petrol türetebilirler (Katz, 1995). Buna karşın TOC değerlendirmesi dünya çapındaki bütün organik jeokimyasal çalışmalarda araştırmacılar tarafından rutin olarak kullanılan bir analiz türüdür.

İnceleme alanında Yoncalı Formasyonu örnekleri 3 dikme kesitten sistematik olarak derlenmiştir. Uğurludağ kesitinden 34, Osmankahya kesitinden 24 ve Malboğazı kesitinden de 14 sistematik örnek ile Karabalçık Formasyonundan 3, Yapraklı Formasyonu'ndan 1, Kocaçay Formasyonu'ndan 2, Yoncalı Formasyonu'ndan 17 adet noktasal örnek olmak üzere toplam 72 örnekten 23 adedinde ve inceleme alanında bulunan kömür sahalarından alınan 3 adet örnek ile beraber toplam 26 örnek Lafarque' vd. (1998)'e göre yorumlanmıştır.

Detaylı inceleme yapılan Yoncalı Formasyonu inceleme alanındaki farklı lokasyonlar için ayrı ayrı değerlendirilmiştir. Uğurludağ kesiti, Yoncalı Formasyonu örneklerinde TOC değerleri %0.23-0.86 arasında (ortalama %0.44), Karabalçık Formasyonu örneklerinde ise %0.13-0.23

arasındadır (ortalama %0.18). Osmankahya kesiti, Yoncalı Formasyonu örneklerinde TOC değerleri %0.61-4.97 arasında (ortalama %2.59) Kocaçay Formasyonu örneklerinde ise %0.05-0.39 arasındadır (ortalama %0.22). Malboğazı kesiti, Yapraklı Formasyonu örneğinde TOC %0.1, Yoncalı Formasyonu örneklerinde %0.11-0.35 arasındadır (ortalama %0.23) (Çizelge 5.6). Bu sonuçlara göre Yoncalı Formasyonu örneklerinin organik madde içeriği bakımından zengin olduğu (TOC >%0.5) ve kaynak kaya olarak kabul edilebileceği sonucuna ulaşılır. İnceleme alanında yeralan İncesu kömür sahası örneğinde TOC %9.42, Evlik kömür sahası örneğinde %26.56, Dodurga kömür sahası örneğinde ise TOC %53.5' dur (Çizelge 5.6).

#### 5.2.1.2 Organik Madde Tipi

Bir kayacın kaynak kaya olabilmesi için yeterli organik madde içermesinin yanı sıra organik madde tiplerinin de petrol veya gaz türümüne uygun olması gerekmektedir. Bu nedenle organik petrografik ve organik jeokimyasal analizlerle birimlerdeki organik madde tipleri belirlenmeye çalışılmıştır. Organik petrografik incelemelerin yanı sıra, Rock-Eval piroliz işlemi ile elde edilen hidrojen indeksi (HI), oksijen indeksi (OI) ve $T_{max}$ değerleri kullanılarak hazırlanan HI-OI ve HI-$T_{max}$ diyagramları ile örneklerin içerdiği organik madde tipleri belirlenebilmektedir.
Hidrojen indeksi ve oksijen indeksi değerlerine göre organik maddeler petrol türetme potansiyellerine göre üç tip kerojen şeklinde sınıflandırılır;

**Tip I:** Sıvı hidrokarbon oluşturma potansiyeli en fazla olan gruptur. Oksijen oranı az, hidrojen oranı yüksektir. Genellikle algal lipidlerinden veya mikrobiyolojik faaliyetler sonucunda lipid oranı yükselmiş organik maddelerden türerler ve amorf maddelerle birlikte bulunurlar.

**Tip II:** Hidrojen miktarı Tip I'e göre düşük, oksijen miktarı ise daha fazladır. Denizel alg, spor, polen, kütikül ve odunsu organik maddeleri temsil eder ya da Tip I ve Tip II kerojenin karışımından oluşmaktadır. Petrol potansiyeli Tip I'den düşüktür.

**Tip III:** Hidrojen miktarı çok düşük oksijen miktarı ise çok yüksektir. Petrol türetme potansiyeli sınırlı olan karasal organik maddeleri ya da aşırı bakteri etkisi ile bozunarak hidrojenin kaybetmiş organik madde kalıntılarını temsil etmektedir. Çok az miktarda gaz türüm potansiyelinden bahsedilebilir.

Uğurludağ kesitinde Yoncalı Formasyonu örneklerinin Hidrojen İndeksi değerleri 17-38 mg HC/g TOC (ortalama 28.6 mg HC/g TOC), Oksijen İndeksi değerleri ise 15-95 mg $CO_2$/g TOC (ortalama 46.6 mg $CO_2$/g TOC) ve Karabalçık Formasyonu örneklerinde Hidrojen İndeksi 10-15 mg HC/g TOC (ortalama 12.7 mg HC/g TOC), Oksijen İndeksi değerleri 146-391 mg $CO_2$/g TOC (ortalama 277.3 mg $CO_2$/g TOC)'dir. Osmankahya kesiti Yoncalı Formasyonu örneklerinde, Hidrojen İndeksi değerleri 39-104 mg HC/g TOC (ortalama 75.6 mg HC/g TOC), Oksijen İndeksi değerleri ise 31-44 mg $CO_2$/g TOC (ortalama 37.9 mg $CO_2$/g TOC) ve Kocaçay Formasyonu örneklerinde, Hidrojen İndeksi değerleri 40-62 mg HC/g TOC (ortalama 51 mg HC/g TOC), Oksijen İndeksi değerleri ise 138-480 mg $CO_2$/g TOC (ortalama 309 mg $CO_2$/g TOC)'dir. Malboğazı kesiti, Yoncalı Formasyonu örneklerinde, Hidrojen İndeksi değerleri 14-18 mg HC/g TOC (ortalama 16 mg HC/g TOC), Oksijen İndeksi değerleri ise 126-355 mg $CO_2$/g TOC (ortalama 241 mg $CO_2$/g TOC) olup, Yapraklı Formasyonu örneğinde ise Hidrojen İndeksi 10 mg HC/g TOC, Oksijen İndeksi değeri ise 320 mg $CO_2$/g TOC'dir (Çizelge 5.6).

Ayrıca inceleme alanında yer alan İncesu kömür sahası örneğinde, Hidrojen İndeksi değeri, 107 mg HC/g TOC, Oksijen İndeksi değeri ise, 42 mg $CO_2$/g TOC, Evlik kömür sahası örneğinde, Hidrojen İndeksi 79 mg

HC/g TOC, Oksijen İndeksi değeri ise 103 mg $CO_2$/g TOC ve Dodurga kömür sahası örneğinde, Hidrojen İndeksi değeri 135 mg HC/g TOC, Oksijen İndeksi değeri ise 27 mg $CO_2$/g TOC'dir (Çizelge 5.6). İncelenen örneklerde belirlenen yüksek oksijen indeks değerleri mineral matriks etkisine veya piroliz işlemi sırasında mineral dekompozisyonuna bağlı olarak gelişmiştir. Mineral madde içeriği bu örneklerde olduğu gibi kil ve karbonatlarca zengin örneklerde piroliz sonuçlarını oldukça etkilemektedir (Peters, 1986; Langford-Blanc Valleron, 1990). HI-OI ve HI-$T_{max}$ diyagramında örneklerin büyük kısmı Tip II-III (karasal ve denizel) ve Tip III (karasal, kalıntı organik madde) alanında dağılmıştır (Şekil 5.19 ve 5.24). Bu tip örneklerin petrol türetme potansiyeli sınırlı olup ancak az miktarda gaz türüm potansiyelinden söz edilebilir. Özellikle Yoncalı Formasyonu örnekleri Tip III kerojen özelliğindedir. Bu tanımlama kerojen preparatlarındaki palinolojik değerlendirmeler ile desteklenmekte olup karasal (odunsu) malzemenin egemen bileşen olduğunu göstermektedir (Çizelge 5.8 ve Şekil 5.20, Şekil 5.21). İncelenen Yoncalı Formasyonu örneklerinde %20-50 amorf (ortalama %37), %5-20 otsu (ortalama %9), %10-40 odunsu (ortalama %27), %15-40 kömürsü (ortalama % 27) oranında belirlenmiştir. Yapraklı Formasyonu örneklerinde %60 amorf, %5 otsu, %15 odunsu, %20 kömürsü organik madde izlenmiştir. Kocaçay Formasyon'una ait 2 adet örnekte ise egemen olarak odunsu bileşenler bulunmaktadır (Çizelge 5.8).

HI-OI diyagramında resinitik bileşenlerin etkisi ile hidrojen indeksi değeri hatalı olabilmektedir ve yorumlama sırasında petrografik verilerle karşılaştırılarak kullanılması daha doğrudur.

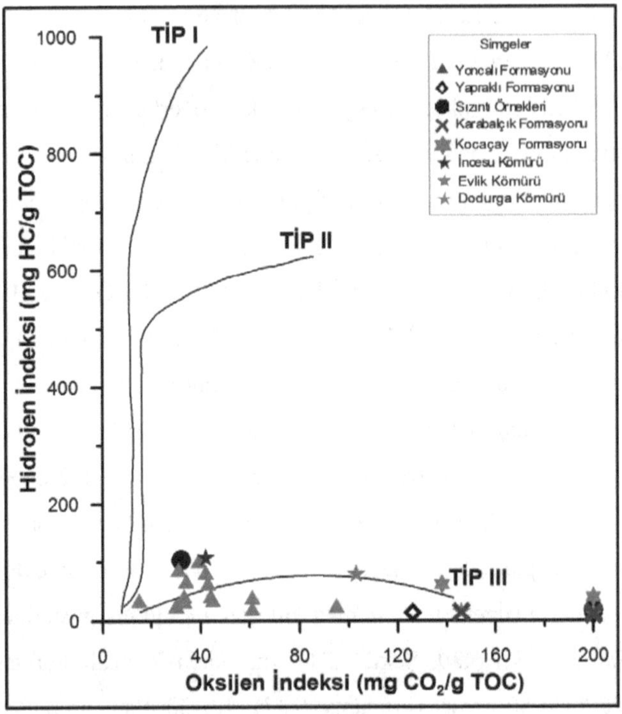


**Şekil 5.19** İncelenen örneklerin Hidrojen İndeksi-Oksijen İndeksi diyagramındaki dağılımları

**Çizelge 5.8** İncelenen örneklerin petrografik bileşen oranları

| Formasyon | Örnek No | Amorf (%) | Otsu (%) | Odunsu (%) | Kömürsü (%) |
|---|---|---|---|---|---|
| Yoncalı | UDÇ-4 | 40 | 10 | 25 | 25 |
| | UDÇ-6 | 45 | 5 | 25 | 25 |
| | UDÇ-10 | 45 | 5 | 30 | 20 |
| | UDÇ-12 | 50 | 5 | 25 | 20 |
| | UDÇ-16 | 40 | 5 | 40 | 15 |
| | Y-5 | 20 | 15 | 30 | 35 |
| | Y-7 | 20 | 10 | 30 | 40 |
| | Y-8 | 25 | 15 | 30 | 30 |
| | Y-9 | 20 | 20 | 25 | 35 |
| | Y-10 | 45 | 5 | 25 | 25 |
| | S-1 | 25 | 15 | 40 | 20 |
| | S-3 | 50 | 5 | 10 | 35 |
| | M-7 | 45 | 5 | 25 | 25 |
| | M-10 | 50 | 5 | 15 | 30 |
| Yapraklı | M-2 | 60 | 5 | 15 | 20 |
| Kocaçay | YÇ-2 | 20 | 15 | 35 | 30 |
| | YÇ-3 | 20 | 15 | 40 | 25 |

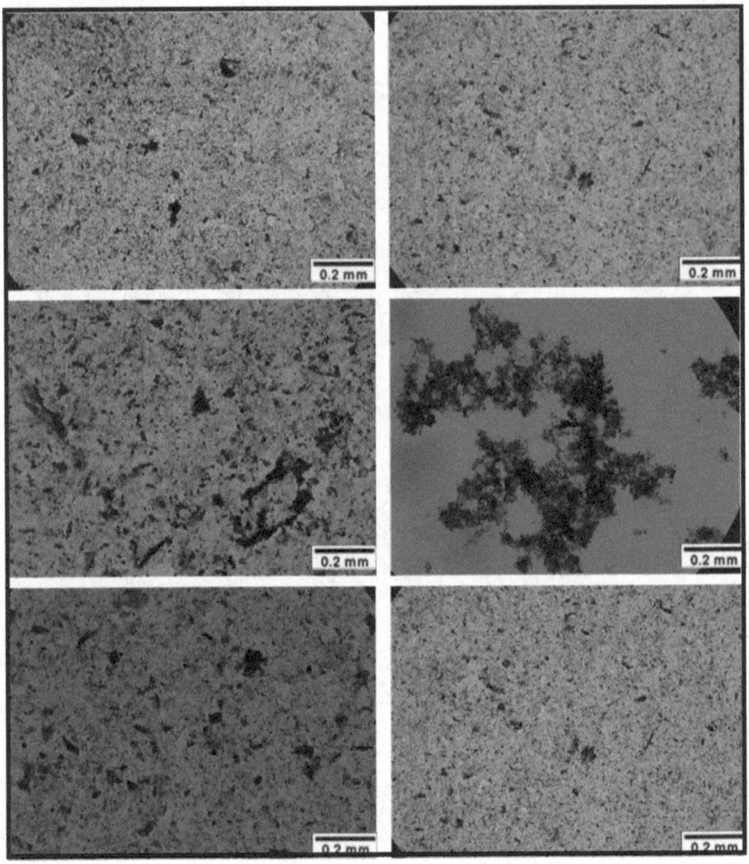


**Şekil 5.20** İncelenen örneklerde belirlenen organik madde tipleri

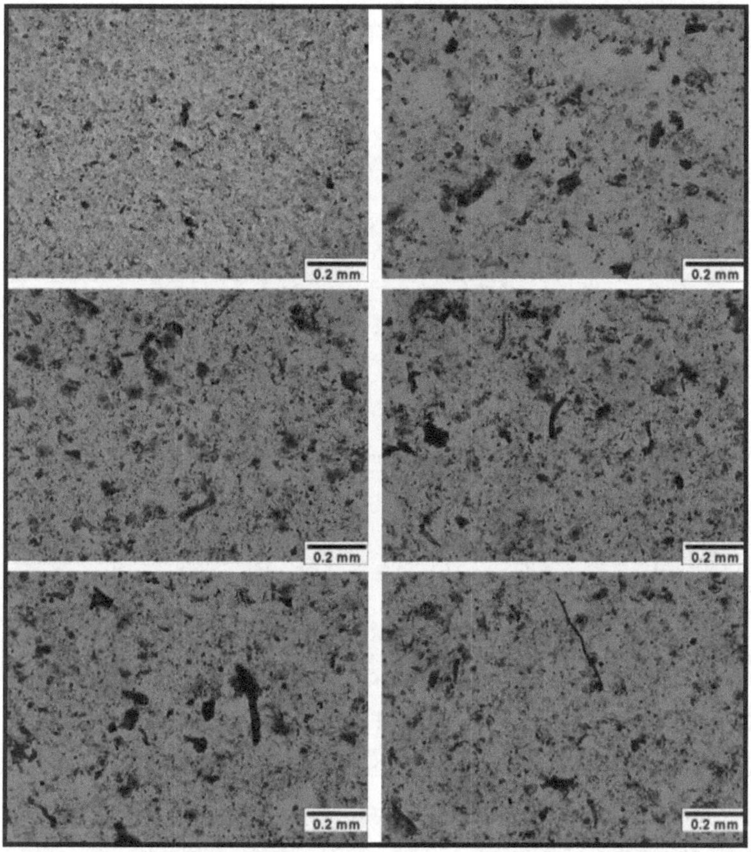

**Şekil 5.21** İncelenen örneklerde belirlenen organik madde tipleri

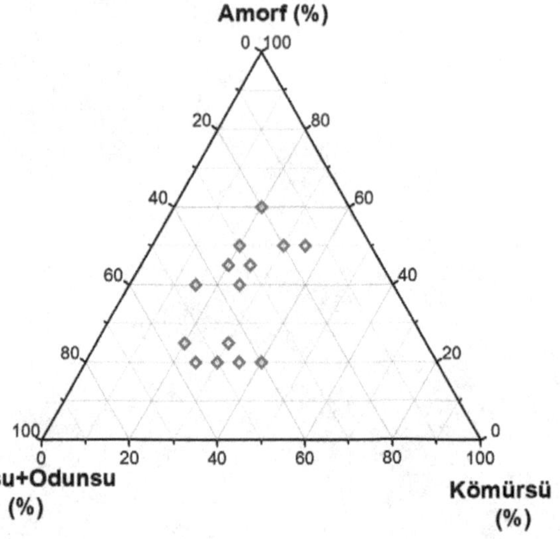


**Şekil 5.22.** İncelenen örneklerin organik madde tip dağılımlarına ait üçgen diyagram

Yukarıdaki paragrafta bahsedildiği gibi özellikle karasal organik maddenin egemen olduğu örnekler Rock Eval piroliz yöntemi ile analiz edildiklerinde HI-OI diyagramında Tip III kerojen aralığında değil genellikle Tip II-III aralığında izlenir. Bu nedenle bu tip kayaçların organik madde türlerinin belirlenmesinde HI-OI diyagramı tek başına yeterli değildir. S2-TOC diyagramında ise örneklerin büyük kısmı verimsiz alanda dağılmıştır ve hidrokarbon potansiyelleri çok zayıf-iyi arasında değişmektedir (Şekil 5.23).

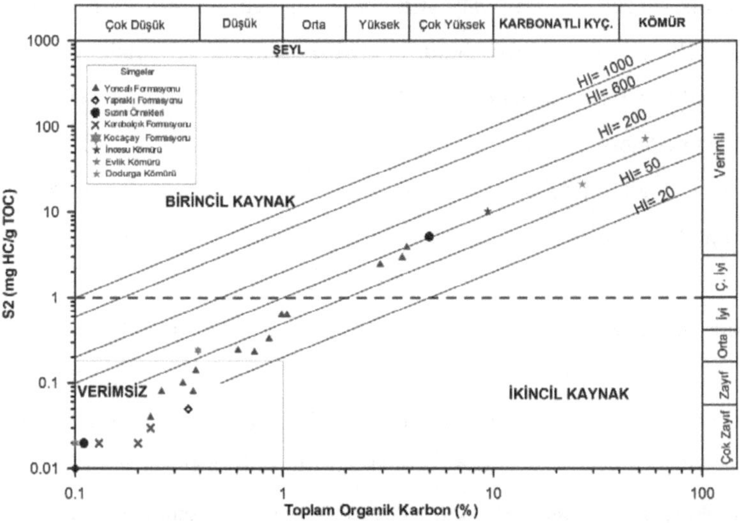


**Şekil 5.23** İncelenen örneklerin S2-TOC diyagramındaki dağılımları

### 5.2.1.3 Organik Olgunlaşma

Sedimanlar içinde yer alan organik maddeler, gömülmenin artışı ile gelişen yüksek sıcaklıklara maruz kalır ve çeşitli kimyasal reaksiyonlar sonucunda hidrokarbonları oluşturmaktadır. Bu nedenle de organik olgunlaşma verilerinin belirlenmesi özellikle kaynak kaya değerlendirmelerinde büyük önem taşımaktadır. Organik maddenin ısı ve zaman etkisinde geçirdiği değişiklikler ısısal olgunlaşma olarak tanımlanmaktadır. Organik yöntemler, kendi içinde optik ve kimyasal yöntemler olarak sınıflandırılır ve kimyasal yöntemlerin en sık kullanılanı piroliz ile elde edilen $T_{max}$ ($^{o}$C) verisidir. Kaynak kayanın olgunluk değerini veren $T_{max}$ değeri pirolizin en yüksek ısısını gösteren bir parametre olup derinlik artışıyla birlikte $T_{max}$ değeri de genellikle artmaktadır (Espitalié vd., 1977). Ancak fay, kıvrım, uyumsuzluk, jeotermal gradyan değişikliği gibi büyük ölçekli etkilerin yanı sıra göç etmiş petrol, örnek kalitesi veya örneğin alterasyon miktarı, organik madde bolluğu, kayaçtaki mineral matriks etkileri ile analiz sırasındaki bazı hatalar $T_{max}$ değeri hatasına neden olmaktadır (Peters, 1986).

HI-$T_{max}$ grafiği ile kerojen tipi yanı sıra olgunlaşma derecesi hakkında da bilgi edinilebilmektedir ve bu diyagramda olgunlaşma başlangıcı 430°C'dir (Mukhopadhyay vd., 1995). Bu grafikte inceleme alanına ait örnekler olgunlaşmamış-erken olgun aralığında dağılmıştır (Şekil 5.24 ve Çizelge 5.9).

Piroliz analizi ile elde edilen bir diğer olgunluk parametresi de üretim indeksi (PI) değeridir. Bu değer genellikle derinlik artışına bağlı olarak artmaktadır, ancak özellikle petrol-kaynak kaya değerlendirmelerinde bu değişim kayaca göç yoluyla gelen hidrokarbonlar tarafından da geliştirilebilir ve hatalı yorumlara neden olmaktadır (Peters, 1986; Peters ve Cassa, 1994). Ayrıca $T_{max}$ ve PI arasındaki ilişkinin kerojen tipiyle değişiklik göstermesi nedeniyle bu veriler diğer olgunluk verileri ile korele edilerek kullanılmıştır (Espitalié vd., 1985; Huizinga vd., 1988; Peters ve Cassa, 1994). Yoncalı Formasyonu örneklerinin PI değerleri 0.01-0.08 arasındadır (ortalama 0.02) ve Karabalçık Formasyonu örneklerinin PI değerleri ise 0.18-0.39 arasında (ortalama 0.3)'dür. Kocaçay Formasyonu örneklerinde PI değerleri 0.03-0.24 (ortalama 0.13)'dür. Yapraklı Formasyonu örneğinde ise PI değeri 0'dır ve olgunlaşmamış-olgunlaşma başlangıcını (erken olgun) işaret eder (Çizelge 5.9).

**Çizelge 5.9.** Olgunluk değerlendirmelerinde kullanılan $T_{max}$ ve PI değerleri

| Olgunluk | $T_{max}$ (°C) | PI |
|---|---|---|
| Olgunlaşmamış | <435 | <0.10 |
| Erken Olgun | 435-445 | 0.10-0.15 |
| Orta Olgun | 445-450 | 0.25-0.40 |
| Olgun | 450-470 | >0.40 |
| Aşırı Olgun | >470 | - |

Uğurludağ kesiti, Yoncalı Formasyonu örneklerinin $T_{max}$ değerleri 425-436°C arasındadır (ortalama 430°C) ve Karabalçık Formayonu örneklerinin $T_{max}$ değerleri ise 430-447°C (ortalama 441°C)'dir. Osmankahya kesiti Yoncalı Formasyonu örneklerinin $T_{max}$ değerleri 433-439°C arasındadır (ortalama 437°C) ve Kocaçay Formasyonu örneklerinin ise 428-441°C arasında (ortalama 435°C)' dir. Malboğazı kesiti Yoncalı Formasyonu örneğinde $T_{max}$ değerleri 336-337°C arasında (ortalama 336.5°C) ve Yapraklı Formasyonu örneklerinde ise 492°C' dir (Çizelge 5.6). Bu sonuçlara göre özellikle $T_{max}$ ve PI değerleri birbirleriyle uyumlu olarak olgunlaşmamış-erken olgun aşamayı göstermektedir.

Vitrinit yansıma değerleri de benzer sonuçlar vermiştir. Yapraklı Formasyonu örneğinde %0.37, Yoncalı Formasyonu örneklerinde %0.33-0.49 arasında, Karabalçık Formasyonu örneğinde %0.44 ve Kocaçay Formasyonu örneğinde ise %0.38 vitrinit yansıma değeri ölçülmüş olup bu değerler örneklerin bulunduğu seviyelerin henüz ısısal olarak olgunlaşmadıklarını göstermektedir (Çizelge 5.7).

Ayrıca inceleme sahası içerisindeki İncesu kömür sahası örneğinin TOC değeri %9.42, Hidrojen İndeksi 107 mg HC/g TOC, Oksijen İndeksi 42 mg $CO_2$/g TOC, PI değeri 0.04, $T_{max}$ değeri 426°C, Evlik kömür sahası örneğinin TOC değeri %26.56, Hidrojen İndeksi 79 mg HC/g TOC,

Oksijen İndeksi 103 mg $CO_2$/g TOC, PI değeri 0.02, $T_{max}$ değeri 422°C, Dodurga kömür sahası örneğinin TOC değeri ise %53.5, Hidrojen İndeksi 135 mg HC/g TOC, Oksijen İndeksi 27 mg $CO_2$/g TOC, PI değeri 0 ve $T_{max}$ değeri ise 419°C'dir (Çizelge 5.6 ve Çizelge 5.7). HI-OI ve HI-$T_{max}$ diagramlarında kömür örnekleri Tip II-III (karasal ve denizel) ve Tip III (karasal, kalıntı organik madde) alanında dağılmıştır (Şekil 5.19 ve 5.24). Bu tip örneklerin petrol türetme potansiyeli sınırlı olup ancak az miktarda gaz türüm potansiyelinden söz edilebilir. Özellikle Dodurga kömür örneği Tip III kerojen özelliğinde ve inceleme alanına ait kömür örnekleri olgunlaşmamış-erken olgun aralığında dağılmıştır (Şekil 5.24).

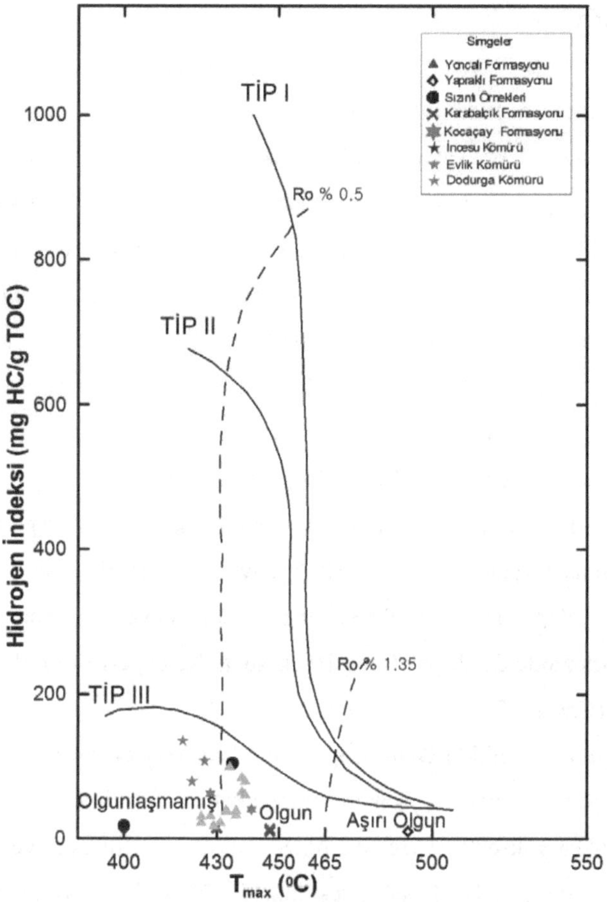


**Şekil 5.24** İncelenen örneklerin HI-Tmax diyagramındaki dağılımları (Mukhopadhyay vd., 1995)

### 5.2.1.4 İncelenen Birimlerin Hidrokarbon Kaynak Kaya Potansiyeli

Hidrokarbon türüm potansiyelinin belirlenebilmesi için kerojen tipi oldukça önemli olup bu özellik hidrojen ve oksijen indeksinin belirlenmesini gerektirmektedir. İncelenen örneklerde de hidrokarbon türüm potansiyellerinin belirlenebilmesi amacıyla Rock-Eval piroliz verilerinden yararlanılmıştır.

Uğurludağ kesiti, Yoncalı Formasyonu örneklerinin S1 değerleri 0-0.01 mg HC/g kaya arasında (ortalama 0.004 mg HC/g kaya), S2 değerleri de 0.04-0.33 mg HC/g kaya (ortalama 0.135 mg HC/g kaya)'dır. Karabalçık Formasyonu örneklerinin S1 değerleri 0-0.02 mg HC/g kaya (ortalama 0.01 mg HC/g kaya ), S2 değerleri ise 0.02-0.03 mg HC/g kaya (ortalama 0.023 mg HC/g kaya)'dır. Osmankahya kesiti, Yoncalı Formasyonu örneklerinin S1 değerleri 0-0.05 mg HC/g kaya (ortalama 0.018 mg HC/g kaya), S2 değerleri ise 0.24-5.18 mg HC/g (ortalama 2.27 mg HC/g kaya)'dır. Kocaçay Formasyonu örneklerinin S1 değeri 0.01 mg HC/g kaya, S2 değeri ise 0.02-0.24 mg HC/g kaya (ortalama 0.13 mg HC/g kaya)'dır. Malboğazı kesiti, Yoncalı Formasyonu örneklerinin S1 değerleri 0.01-0.08 arasında (ortalama 0.45 mg HC/g kaya), S2 değerleri ise 0.02-0.05 arasında olup ortalama 0.035 mg HC/g kaya'dır. Yapraklı Formasyonu örneğinde S1 değeri 0 mg HC/g kaya, S2 değeri ise 0.01 mg HC/g kaya'dır (Çizelge 5.6).

TOC değerleri özellikle Uğurludağ kesitindeki Yoncalı Formasyonu örneklerinde düşük olmasına karşın Osmankahya kesitinden alınan örneklerde oldukça yüksektir (Çizelge 5.6). S1 ve S2 değerine göre yorum yapıldığında, sadece Uğurludağ kesitindeki Yoncalı Formasyonu örneklerinin kaynak kaya potansiyelinden bahsedilebilir. Ancak tek bir parametre ile hiçbir zaman doğru yorumlama gerçekleşmemekte ve mutlaka diğer veriler ile desteklenmelidir. Örneğin, hidrokarbon oluşumlarında en kritik verilerden biri olan Hidrojen İndeksi değerleri, Uğurludağ örneklerinde 113-303 mgHC/g TOC (ortalama 201 mgHC/gTOC) olup Oksijen İndeksi değerleri ise 66-140 $mgCO_2/g$ TOC (ortalama 94 $mgCO_2/g$ TOC) arasında değişir (Çizelge 5.6). HI-$T_{max}$ diyagramındaki örnek dağılımları incelenen örneklerin organik bileşimlerine bir miktar denizel organik madde girişini ifade etmektedir (Şekil 5.24). Diğer ana kaya belirteci olan üretim indeksi (PI; SI/S1+S2) ise Yoncalı Formasyonu örneklerinde 0.01-0.08 arasındadır (ortalama 0.02) ve Karabalçık Formayonu örneklerinin PI değerleri ise 0.18-0.39 (ortalama 0.3)'dür. Kocaçay Formasyonu örneklerinde ise PI değerleri 0.03-0.24 (ortalama 0.13)'dür Yapraklı Formasyonu örneğinin PI değeri ise 0'dır. $T_{max}$-PI diyagramında bazı örneklerin hidrokarbon oluşum zonuna karşılık geldiği görülmekle birlikte bunların yeterli toplam organik karbon değerine sahip olmadığı bilinmektedir (Çizelge 5.9).

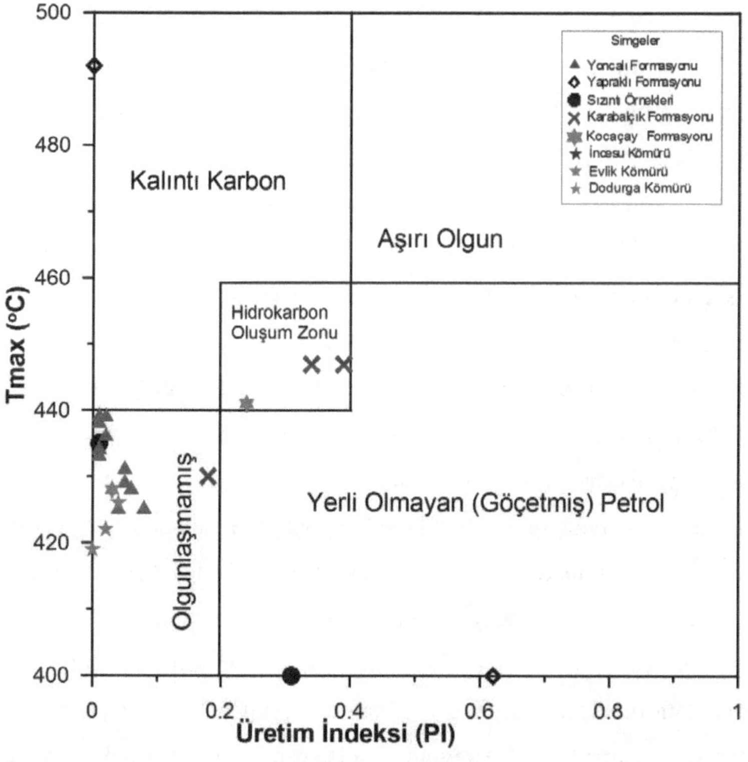


**Şekil 5.25** İncelenen örneklerin köken zenginliği diyagramındaki dağılımları (Jackson vd.'den (1985) değiştirilerek)

Hidrokarbon türüm potansiyeli jenetik potansiyel veya üretim indeksi (S1+S2) ile de değerlendirilmekte olup genellikle TOC sonuçları ile uyum içindedir. Jenetik potansiyel (PY) değerleri Uğurludağ kesiti, Yoncalı Formasyonu örneklerinde 0.04-0.34 mg HC/g kaya (ortalama 0.14 mg HC/g kaya) ve Karabalçık Formasyonu örneklerinde ise 10.44-72.72 mg HC/g kaya (ortalama 34.86 mg HC/g kaya)'dır. Ayrıca Osmankahya kesiti Yoncalı Formasyonu örneklerinde PY değeri 0.24-5.21 mg HC/g kaya (ortalama 2.3 mg HC/g kaya), Kocaçay Formasyonu örneklerinde ise 0.03-0.25 mg HC/g kaya (ortalama 0.14 mg HC/g kaya), Malboğazı kesiti, Yoncalı Formasyonu örneklerinde 0.13-0.03 mg HC/g kaya (ortalama 0.08 mg HC/g kaya), Yapraklı Formasyonu örneğinde ise 0.01 mg HC/g kaya'dır. Uğurludağ kesiti, Yoncalı Formasyonu örneklerinde S2/S3 değerleri 0.23-2 (ortalama 0.83), Karabalçık Formasyonu örneklerinde 0.77-4.98 (ortalama 2.76), Osmankahya kesiti Yoncalı Formasyonu örneklerinde S2/S3 değerleri 0.89-3.28 (ortalama 2.08), Kocaçay Formasyonu örneklerinde 0.08-0.44 (ortalama 0.26), Malboğazı kesiti, Yoncalı Formasyonu örneklerinde 0.05-0.11 (ortalama 0.08), Yapraklı Formasyonu örneğinde ise 0.03'dür (Çizelge 5.7). S2/S3 değerleri 2'den büyük, PI değerleri 0.1'den küçük ve genellikle 435°C den düşük $T_{max}$ değerleri olgunlaşmamış aşamayı belirtmektedir (Tissot ve Welte, 1984) (Çizelge 5.9). S2/S3 oranının 5'ten büyük olduğu durumlarda petrol, 2'den küçük olduğu durumlarda ise gaz türüm potansiyelinden bahsedilebilir. Buna göre incelenen formasyonların petrol türetme potansiyeli yoktur. Ayrıca Kocaçay Formasyonu ve Karabalçık Formasyonu örnekleri dışındaki tüm örnekler $T_{max}$-PI diyagramında (Şekil 5.25) olgunlaşmamış aşamada izlenir ve S1-TOC diyagramında ise örneklerin yerli hidrokarbon zenginleşmeleri olduğu belirlenmiştir (Şekil 5.26).

Organik olgunlaşma verilerine göre incelenen organik maddece zengin düzeyler hidrokarbon türümü için yeterli organik maddeye sahip olmakla birlikte olgunlaşmalarının düşük olması türümü engellemiştir. Biyomarker olgunluk verileri ile $R_o$ ve $T_{max}$ değerlerinin karşılaştırması ile Diasteran/steran oranı, $\beta\beta/(\beta\beta+\alpha\alpha)$, $C_{32}$ (22S/(22S+22R) oranı arasında doğrusal bir ilişki olduğu belirlenmiştir.

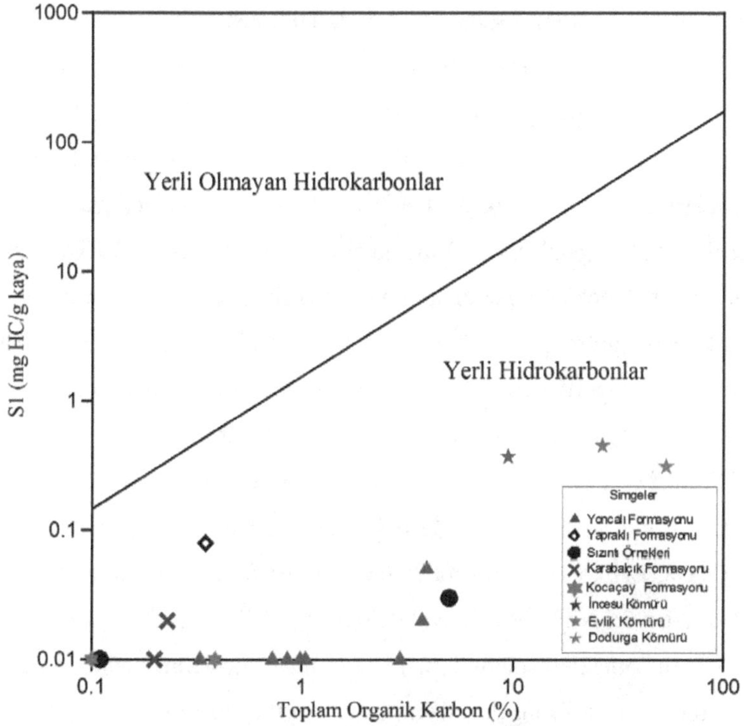


**Şekil 5.26.** İncelenen örneklerin S1-TOC diyagramındaki dağılımı

### 5.2.1.5. Kömür Örneklerinin Kaynak Kaya Potansiyeli

İnceleme alanında kalan İncesu kömür sahası örneğinin S1 değeri 0.37 mg HC/g kaya, S2 değeri 10.07 mg HC/g kaya, Evlik kömür sahası örneğinin

S1 değeri 0.45 mg HC/g kaya, S2 değeri 20.98 mg HC/ g kaya ve Dodurga kömür sahası örneğinin S1 değeri 0.31 mg HC/g kaya, S2 değeri ise 72.41 mg HC/g kaya'dır (Çizelge 5.6). Sadece S1 ve S2 değerlerine göre yorum yapıldığında bu örneklerin kaynak kaya potansiyeli olduğundan bahsedilebilir.

Ayrıca inceleme alanında yer alan İncesu kömür sahası örneğinde Hidrojen İndeksi değeri, 107 mg HC/g TOC, Oksijen İndeksi değeri ise, 42 mg $CO_2$/g TOC, Evlik kömür sahası örneğinde Hidrojen İndeksi 79 mg HC/g TOC, Oksijen İndeksi değeri ise 103 mg $CO_2$/g TOC ve Dodurga kömür sahası örneğinde Hidrojen İndeksi değeri 135 mg HC/g TOC, Oksijen İndeksi değeri ise 27 mg $CO_2$/gTOC'dir (Çizelge 5.6). HI-OI ve HI-$T_{max}$ diagramlarında kömür örnekleri Tip II-III (karasal ve denizel) ve Tip III (karasal, kalıntı organik madde) alanında dağılmıştır (Şekil 5.19 ve Şekil 5.24). Bu tip örneklerin petrol türetme potansiyeli sınırlı olup ancak az miktarda gaz türüm potansiyelinden söz edilebilir. Özellikle Dodurga kömür örneği Tip III kerojen özelliğinde ve inceleme alanına ait kömür örnekleri olgunlaşmamış-erken olgun aralığında dağılmıştır.

Hidrokarbon türüm potansiyeli, potansiyel verim (PY=S1+S2) ile de değerlendirilmekte olup, PY değerleri İncesu kömür örneğinde 0.02 mg HC/ g kaya, Evlik kömür örneğinde 0.05 mg HC/g kaya, Dodurga kömür örneğinde ise 0.11 mg HC/g kaya'dır (Çizelge 5.7). $T_{max}$-PI diyagramına göre kömür örnekleri olgunlaşmamış aşamayı göstermektedir. Ayrıca hidrokarbon oluşum zonu dışındaki alanda dağılmıştır (Şekil 5.25). S2/S3 oranı, İncesu ve Evlik kömür örneğinde 0.03, Dodurga kömür örneğinde 0.11 olup petrol türetme potansiyeli yoktur (Çizelge 5.7). S1-TOC diyagramında, kömür örnekleri yerli hidrokarbonlar alanında dağılmıştır (Şekil 5.26).

### 5.2.2. Gaz Kromatografi (GC) Analizi Değerlendirmesi

TOC ve piroliz verileri dikkate alınarak seçilen organik madde (TOC>%2) ve hidrojen indeksi bakımından (özellikle >200 mgHC/g TOC) uygun 8 örnekte Özütleme analizleri yapılmış ve Diklorometan (DCM) çözücüsü kullanılarak ASE 300 (Accelerated Solvent Extraction) sisteminde ekstrakt edilmiştir. Özütten alınan İkizler, Evlik ve Dodurga Kömür sahasına ait 3 örnek ile Yoncalı Formasyonu'na ait 4 adet ve 1 adet katılaşmış petrol izli (katı bitümlü/sızıntı izli) örnek Agilent 6850 GC cihazında, ASTM D 5307-97 standardına uygun olarak analiz edilmiştir. Malboğazı Formasyonu ve Karabalçık Formasyonu örneklerinden yeterli özüt elde edilemediği için GC ve GC-MS gibi ileri analizler uygulanmamıştır. İncelenen örneklerin analiz değerleri Çizelge 5.10'da sunulmuştur. Kömür örneklerinde daha yüksek olmak üzere incelen örneklerin toplam özüt miktarı oldukça düşüktür (226- 4291 ppm).

CPI=1/2((C25+C27+C29+C31+C33/C24+C26+C28+C30+C32)+(C25+C2 7+C29
+C31+C33/ C26+C28+C30+C32+C34)) (Bray and Evans, 1961)

TAR (Terrigenous to aquatic ratio; Karasal/Denizel organik madde oranı)= (n-C27+ n-C29+ n-C31/ n-C15+ n-C17+ n-C19)

ETR (Extended Tricyclic Terpane Ratio): $(C_{28}+C_{29})/(C_{28}+C_{29}+Ts)$ (Holba vd., 2001).

Çizelge 5.10 İncelenen örneklerin özüt ve gaz kromatografi sonuçları

| Örnek No / Parametre | Çİ-1 | ÇE-1 | ÇD-6 | Y-8 | Y-9 | UDÇ-16 | UDC-18 | S-1 |
|---|---|---|---|---|---|---|---|---|
| **Kısa-zincirli *n*-alkanlar ($<C_{20}$) (%)** | 4.14 | 2.32 | 4.53 | 37.51 | 37.07 | 30.43 | 21.29 | 35.47 |
| **Orta-zincirli *n*-alkanlar ($C_{21}$- $C_{25}$) (%)** | 19.65 | 10.64 | 17.58 | 7.27 | 11.91 | 13.91 | 23.3 | 12.13 |
| **Uzun-zincirli *n*-alkanlar (> $C_{25}$) (%)** | 50.48 | 65.97 | 58.6 | 33.95 | 41.36 | 29.74 | 44.55 | 39.24 |
| **CPI** (Bray ve Evans, 1961) | 3.91 | 4.36 | 3.4 | 4.99 | 3.01 | 8.17 | 4.62 | 2.01 |
| **TAR** | 17.64 | 35.63 | 12.11 | 3.44 | 3.31 | 2.20 | 3.59 | 3.07 |
| **Özüt (ppm)** | 1136 | 1817 | 4291 | 273 | 281 | 237 | 240 | 226 |
| **Bitüm/TOC** | 0.012 | 0.007 | 0.008 | 0.009 | 0.007 | 0.06 | 0.03 | 0.005 |
| **Pr/Ph** | 1.58 | 2 | 1.48 | 5.02 | 3.43 | 1.75 | 1.3 | 3.82 |
| **Pr/n-$C_{17}$** | 0.66 | 0.79 | 2.51 | 10.04 | 7.26 | 1.4 | 1.01 | 7.69 |
| **Ph/n-$C_{18}$** | 0.4 | 0.48 | 0.93 | 1.35 | 1.78 | 1.37 | 1.44 | 2.99 |
| **$CS_2$** | 25.17 | 20.85 | 19.14 | 21.27 | 9.7 | 25.93 | 10.87 | 13.16 |
| **OEP** | 2.18 | 1.13 | 1.46 | 0.94 | 1.04 | - | - | 0.81 |
| **ETR** | 0.67 | 0.96 | 0.71 | 0.40 | 0.75 | - | - | 0.40 |

#### 5.2.2.1 n-alkanlar ve İsoprenoidler

İncelenen örneklerde n-alkanlar $C_6$'den $C_{35}$'e kadar değişen aralıkta dağılmıştır. UDÇ-18 ve UDÇ-16 ile S1 örneklerinde bu dağılım n-$C_{10}$ ile n-$C_{35}$ aralığında olup, düşük karbon sayılı bileşen diğer örneklere göre düşük oranda izlenmektedir. İncelenen örneklerin tipik doymuş hidrokarbon gaz kromatografları Şekil 5.27, 5.28 ve 5.29 ve 5.30' da gösterilmektedir.

Uzun zincirli $C_{27}$-$C_{31}$ n-alkanların toplam n-alkanlar içindeki oransal bolluğu karasal bitkileri ifade ederken (Moldowan vd., 1985), kısa zincirli n-alkanlar ($<C_{20}$) egemen olarak alg ve mikroorganizmalarda bulunur ve bu bileşenler kömür örneklerinde oldukça düşük, Yoncalı Formasyonu ve

sızıntı örneğinde ise yüksektir. İncelenen örneklerde egemen olarak orta ve yüksek molekül ağırlıktaki n-alkanlar ($C_{21}$-$_{25}$ ve $C_{25}$-$_{35}$) olup karasal ve gölsel organik malzemeyi belirtmektedir. Örneklerde ayrıca düşük oranlarda izlenen acyclic isoprenoidlerden pristan ve fitandan itibaren düşük Pr/Ph oranları düşük olgunlaşma süreçleri ile ilgilidir.

Orta zincirli *n*-alkanlar ($C_{21}$, $C_{22}$, $C_{23}$) UDÇ-18 örneğinde diğer örneklere göre daha bol olup, bitkisel organik maddeleri ifade etmektedir (Hunt, 1996). TAR (Karasal/sucul) oranları beklendiği şekliyle kömür örneklerinde daha yüksektir. Pr/n$C_{17}$ oranının>0.7 olması nedeniyle örneklerin karasal çökelim ortamı ve bu ortamda çökelen litolojiyi belirttiği söylenebilir. Ancak bu veri tek başına yorumlanmamaktadır. Pr/Ph oranı > 3 olan Y-8 örneğinde diğer Yoncalı Formasyonu örneklerinden daha fazla karasal etkinin olduğu söylenebilir. Diğer örneklerde bu oran yaklaşık 1-3 arasında iken gölsel, < 2 olan değerler ise denizel etkiyi göstermektedir. Ancak bu parametrelerin diğer veriler ile doğrulanması ve karşılaştırılması gerekmektedir.

Acyclic biomarker verilerine göre de örneklerde $C_{27}$, $C_{29}$ ve $C_{31}$ bileşimlerinin egemen olması karasal bitki egemenliğini göstermektedir. İncelenen bazı örneklerde düşük *n*-alkan oranı CPI oranını etkilemekle birlikte elde edilen değerler bu örneklerin olgunlaşmamış olduğunu belirtmektedir.

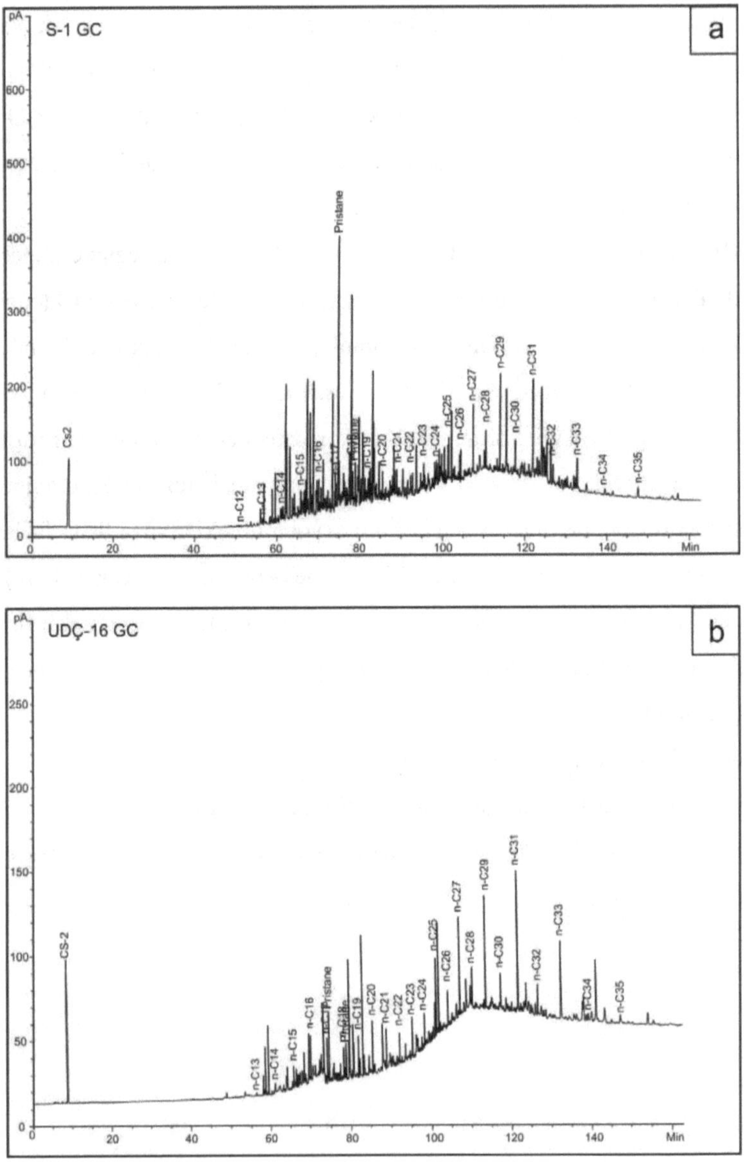


**Şekil 5.27** S-1 (a) ve UDÇ-16 (b) örneklerinin gaz kromatogramları

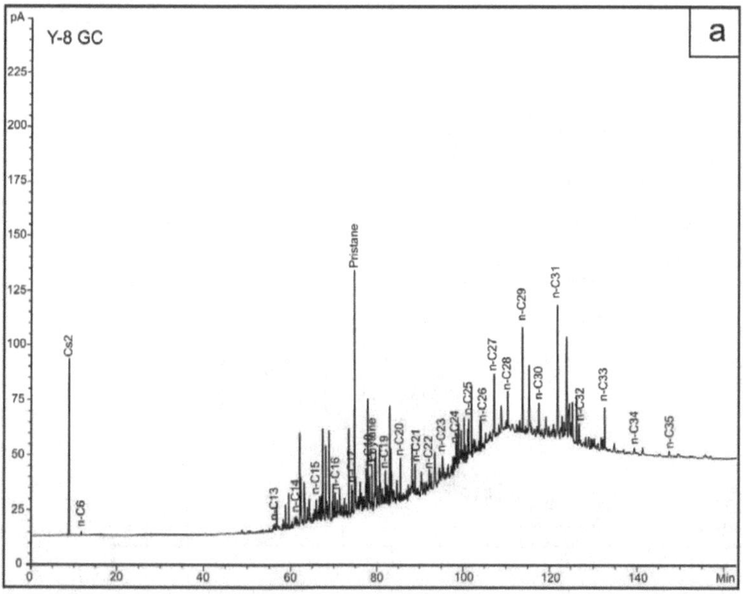


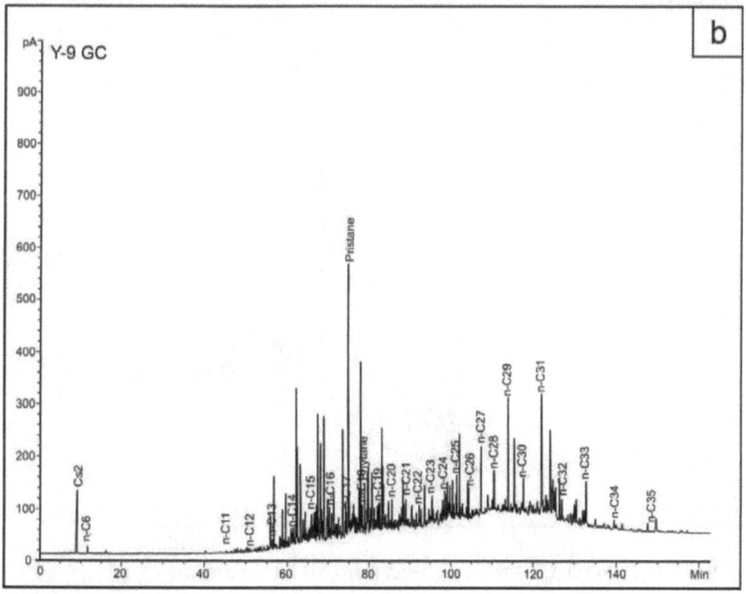


**Şekil 5.28** Y-8 (a) ve Y-9 (b) örneklerinin gaz kromatogramları

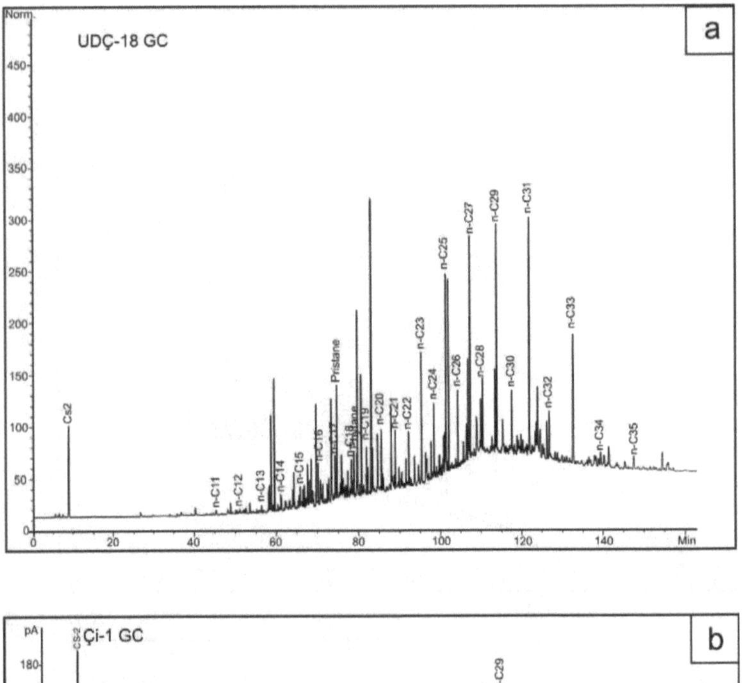


**Şekil 5.29** UDÇ-18 (a) ve Çİ-1 (b) örneklerinin gaz kromatogramları

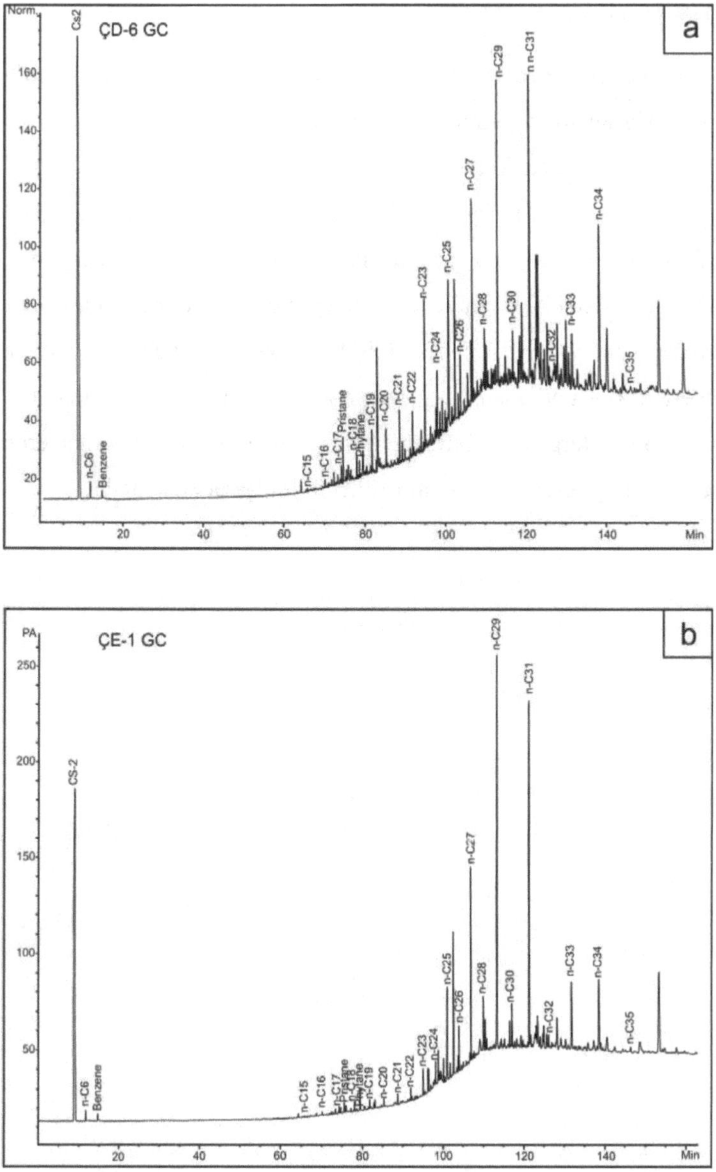


**Şekil 5.30** ÇD-6 (a) ve ÇE-1 (b) örneklerinin gaz kromatogramları

### 5.2.3. Gaz Kromatografi-Kütle Spektrometre (GC-MS) Analizi Değerlendirmesi

Biyomarker analizleri için Rock-Eval TOC sonuçlarına göre seçilen 6 örnekte GC-MS analizi yapılmıştır. Terpan ve steran molekülleri sırasıyla 191 ve 217 m/z oranları kullanılarak SIM Scan modunda incelenmiştir. Bunlara ait özellikler Çizelge 5.11'de verilmiştir. Bu örneklerde özüt miktarı düşük olup (226-4291 ppm arasında), bileşim resin ve asfaltenler gibi düşük olgunluktaki organik maddeleri içermektedir. Özüt oranı, kömür örneklerinde daha yüksektir (1136-4291). İncelenen örneklerde başlıca biyomarkerler; $C_{29}$ norhopan, $C_{30}$ Tricyclicterpan, $C_{29}$ Normoretan, $C_{30}$ Hopan'dır. Bu triterpanoid bileşenlerinin kömür ve diğer örneklerde bulunuşu, onların yüksek karasal bitki kökenlerini işaret etmektedir.

**Çizelge 5.11** İncelenen örneklerin doymuş hidrokarbon bileşim parametreleri

| PARAMETRELER | Çİ-1 | ÇE-1 | ÇD-6 | Y-8 | Y-9 | S-1 |
|---|---|---|---|---|---|---|
| Diasteran/(Diasteran+ Düzenli Steran) Oranı, $C_{27}$ | 0.4 | 0.43 | 1.33 | 0.71 | 0.36 | 0.4 |
| $\beta\beta/(\beta\beta + \alpha\alpha)$ Steran Oranı ($C_{29}$) | 0.17 | 0.33 | 0.27 | 0.15 | 0.14 | 0.17 |
| 20S/(20S+20R) Steran Oranı ($C_{29}$) | 0.83 | 0.38 | 0.57 | 0.08 | 0.07 | 0.09 |
| $C_{27}/C_{29}$ Steran Oranı | 0.012 | 0.25 | 0.04 | 0.05 | 0.03 | 0.05 |
| $C_{29}/C_{30}$ Steran Oranı | 0.38 | 0.18 | 0.26 | 0.77 | 0.68 | 0.62 |
| Bisnorhopan İndeksi | 50 | 385 | 100 | 46 | 58 | 24 |
| Ts/(Ts+Tm) Oranı | 0.67 | 0.02 | 0.4 | 0.43 | 0.25 | 0.43 |
| 22S/(22S+22R) Homohopan Oranı ($C_{31}$) | - | - | - | 0.5 | 0.3 | 0.4 |
| Moretan/Hopan Oranı ($C_{30}$) | 24.5 | 27.8 | 32 | 0.08 | 0.12 | 0.08 |
| $C_{35}$ (22S)/$C_{34}$ (22S) Hopan Oranı | - | - | - | 1 | 1 | 1 |
| $C_{23}$ Tricyclic Terpan/$C_{23}$ Tricyclic Terpan+$C_{30}$ Hopan) Oranı | 0.6 | 0.91 | 0.96 | 0.17 | 0.13 | 0.14 |
| Oleanane Indeksi | 0.13 | 0.53 | 0.15 | 0.46 | 0.50 | 0.40 |
| Gammaceran İndeksi | 0.08 | 0.28 | 0.15 | - | - | - |
| Diahopan/$C_{29}$ Ts Oranı | 0.17 | 0.19 | 0.19 | 0.4 | 0.2 | 0.2 |
| Steran/17$\alpha$ Hopan Oranı | 2.20 | 2.79 | 3.81 | 1.57 | 1.52 | 1.63 |
| $C_{35}/(C_{31}$-$C_{35})$ Homohopan İndeksi | - | - | - | 0.17 | 0.20 | 0.20 |
| % $C_{27}$, % $C_{28}$ ve $C_{29}$ Steran Oranları | 4,5,91 | 29,50,21 | 2,88,10 | 7,13,80 | 6,13,81 | 6,14,80 |
| $C_{28}/C_{29}$ Steran Oranı | 4.71 | 2 | 5.61 | 1.76 | 1.88 | 1.87 |
| $C_{31}$ Homohopan (R)/$C_{30}$ Hopan | 1.5 | 0.75 | 1 | 0.13 | 0.08 | 0.12 |
| $C_{27}/C_{29}$ Tricyclic terpan Oranı | 0.012 | 0.25 | 0.04 | 0.05 | 0.03 | 0.05 |
| $C_{22}/C_{21}$ Tricyclic terpan Oranı | 1 | 7.5 | 5 | 3 | 3 | 2 |
| $C_{24}/C_{23}$ Tricyclic terpan Oranı | - | 0.32 | 0.04 | 0.22 | 2.75 | 2.01 |
| $C_{24}/C_{26}$ Tricyclic terpan Oranı | - | 0.19 | 0.88 | 0.08 | 0.07 | 0.08 |
| $C_{19}/(C_{19}+C_{23})$ Tricyclic Terpan Oranı | - | - | - | 0.17 | 0.2 | 0.25 |
| $C_{24}$ Tetracyclic Terpan / $C_{30}$ Hopan Oranı | - | 0.75 | 3.5 | 0.04 | 0.04 | 0.04 |
| $C_{26}/C_{25}$ Tricyclic terpan Oranı | - | 1.18 | 1.14 | 1.20 | 1.40 | 1.50 |
| $C_{31}/C_{30}$ Hopan Oranı | - | - | - | 1 | 1 | 1 |
| Norhopan/Hopan Oranı | 16 | 11 | 22.5 | 5.42 | 4.85 | 5.16 |

### 5.2.3.1 Steran ve Terpanlar

İnceleme alanı örneklerinin doymuş bileşenlerine ait biyomarker özellikleri Çizelge 5.11'da verilmiştir. Steran ve terpan dağılımı organik madde tipi, çökelim şartları, ısısal olgunluk ve biyo-bozunma hakkında bilgi vermesi nedeniyle önemli olup, pik tanımlamaları m/z 217 (steran) ve m/z 191 (terpan) kütle kromatogramlarında yapılmıştır (Şekil 5.32-Şekil 5.37).

m/z 217 kütle kromatogramlarında $C_{27}$, $C_{28}$, $C_{29}$ steran ve bunların 20S ve 20R epimerleri tanımlanmıştır. Yoncalı Formasyon'una ait killi kireçtaşı (Y-8, Y-9) ve sızıntı alanından alınan S-1 örneklerinde yüksek $C_{29}$ ($C_{29}$>$C_{28}$>$C_{27}$) steran belirlenmiştir. Petrol ve kerojendeki organik madde bileşimini ifade eden $C_{27}$-$C_{28}$-$C_{29}$ homolog serilerinin üçgen diyagramınına göre $C_{28}$ steran bolluğu yeşil alg ve diatomeleri, $C_{27}$ steran bolluğu kırmızı alg ve planktonları, $C_{29}$ steran bolluğu ise yüksek bitkileri, yeşil ve kırmızı algleri işaret etmektedir (Peters ve Moldowan, 1993; Hunt, 1996). İncelenen örneklerden özellikle Yoncalı Formasyonu sızıntı örneği ve İncesu kömürlerinde $C_{29}$, Evlik ve Dodurga Kömürlerinde ise $C_{28}$ oranları fazladır (Şekil 5.31).

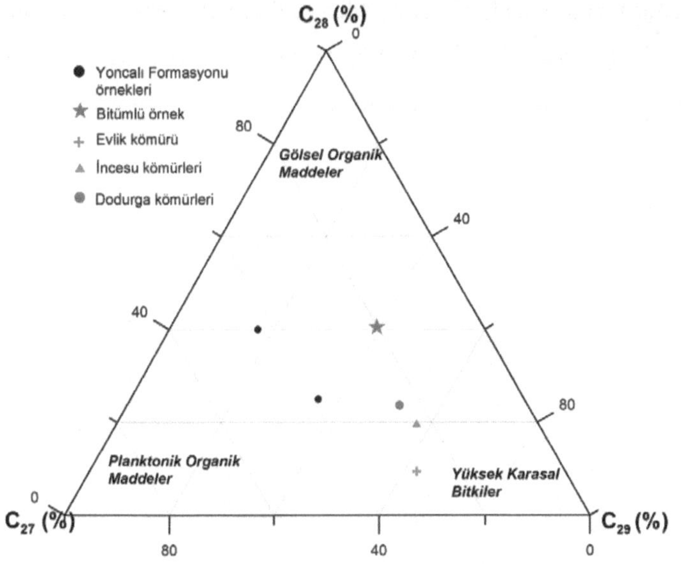


**Şekil 5.31** $C_{27}$-$C_{28}$-$C_{29}$ diyagramında örneklerin dağılımı ve organik madde tipleri

İncelenen örneklerin de biomarker bileşimleri gölsel ve karasal kökenli organik maddeleri özellikle de bitkileri işaret etmektedir. Özellikle bileşimde bol miktarda bulunan $C_{29}$'un karasal organik madde yanı sıra kahverengi-mavi yeşil alglerden kaynaklandığı söylenebilir. Bu veri organik petrografik değerlendirmelerde izlenen düşük odunsu ve kömürsü bileşen ile birbirini desteklemektedir. İncelenen birimlerin çökelim ortamının denizel olması nedeniyle, yüksek karasal bitkilerden ziyade bitkisel bileşim daha çok deniz tabanı bitkilerinden, alglerden kaynaklanmıştır. Bunun yanısıra rüzgâr veya akıntılar ile bir miktar taşınmış karasal bileşene de ait olabilir. Volkman (1986, 1988) karasal etkilerden uzakta, pelajik ortamlarda depolanan birçok çökelde $C_{29}$ steran yoğunluğuna dikkat çekmiştir. Yine Alt Paleozoyik ve Prekambriyen tortullarında karasal bitkilerin olmamasına karşın önemli miktarda $C_{29}$ steran içermektedir (Grantham, 1986; Rullkötter vd., 1986; Buchart vd.,

1989). Matsumoto vd. (1982) ve Fowler ve Douglas (1984) $C_{29}$ steranların mavi-yeşil alglerden, Nichols vd. (1990) ise $C_{29}$ sterollerin soğuk Antarktik sularında denizel diatomlardan oluştuğunu belirtmiştir.

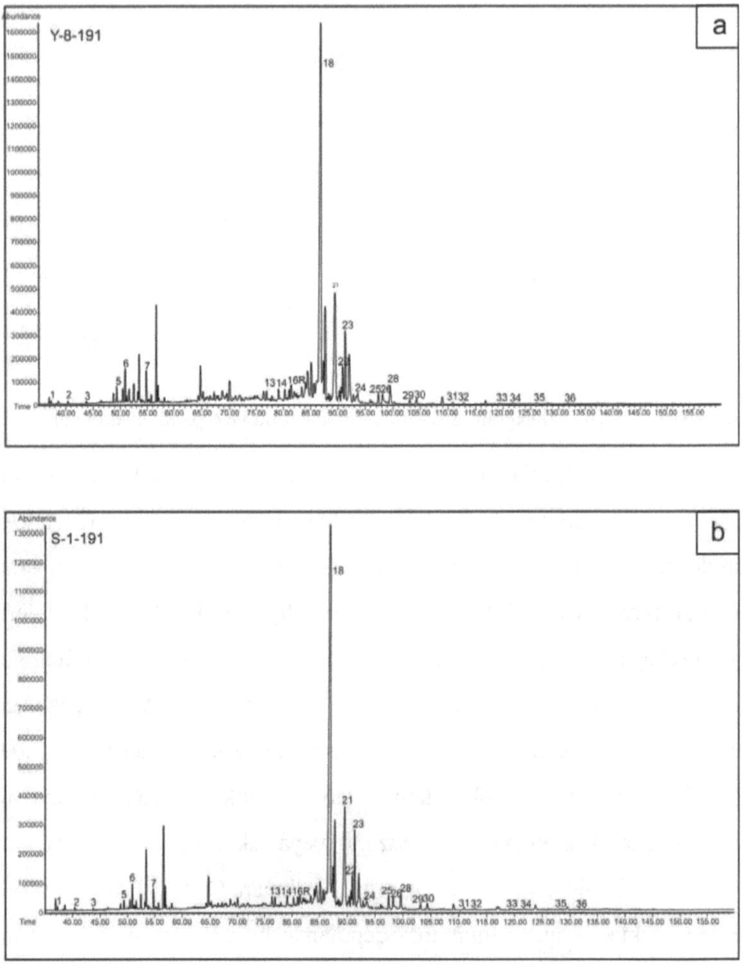


**Şekil 5.32** Y-8 (a) ve S-1 (b) nolu örneklerin m/z 191 kromatogramları

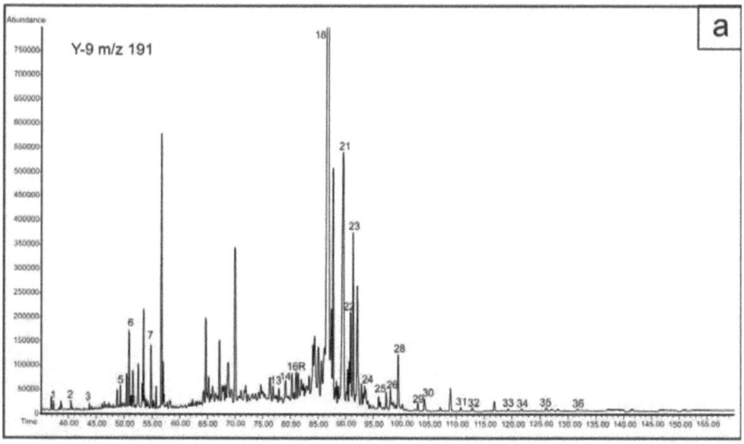


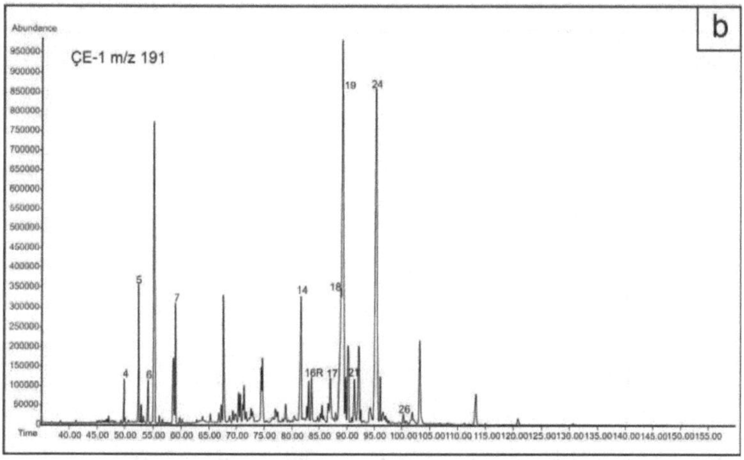


**Şekil 5.33** Y-9 (a) ve ÇE-1 (b) nolu örneklerin m/z 191 kromatogramları

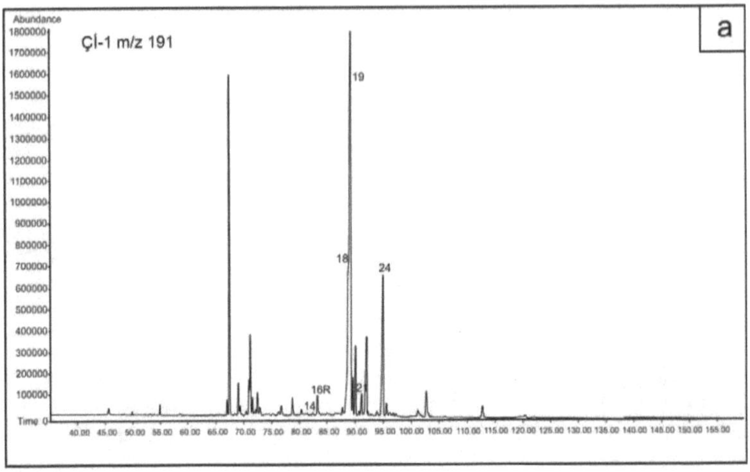


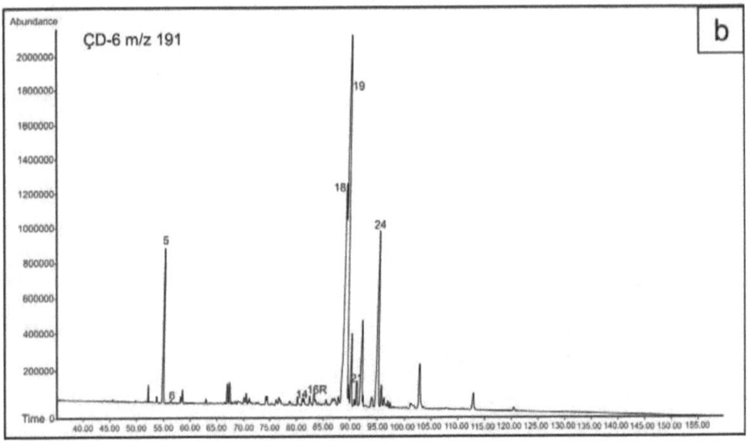


**Şekil 5.34** Çİ-1 (a) ve ÇD-6 (b) nolu örneklerin m/z 191 kromatogramları

Diasteran/steran oranı olgunluk, litoloji ve çökelim ortamındaki redoks koşullardan etkilenmesi nedeniyle özellikle erken-geç olgun aşamada ve benzer özellikli kaynak kayaların karşılaştırılmasında kullanışlı bir parametredir (Waples ve Machihara, 1991; Peters vd., 2005). İncelenen Yoncalı Formasyonu, Y-8 örneğinde bu oran 0.71, Y-9 örneğinde 0.36 ve sızıntı örneğinde (S-1) 0.4'dür. Ayrıca kömür örneklerinde 0.4-1.33 arasındadır. (Çizelge 5.11). Diasteran içeriği özellikle Dodurga kömür (ÇD-6) ve Yoncalı Formasyonu Y-8 örneğinde yüksek, diğer örneklerde ise genellikle birbirine yakındır. Yüksek diasteran/steran oranları incelenen örneklerde olduğu gibi kilce zengin kaynak kayaları ve/veya şiddetli biyo-bozunma etkilerini de belirtmektedir (Peters vd., 2005). Bu parametrenin düşük olgunluktaki örneklerde dikkatli kullanılması gerekmektedir (Peters ve Moldowan, 1993; Peters vd., 2005) ve $T_{max}$ değeri oldukça düşük olan ÇD-6 örneğindeki 1.33 değeri, olgunluk yerine şeyl tipi litolojiyi belirtmesi açısından önemlidir.

$C_{28}/C_{29}$ steran oranları kömür örneklerinde genellikle biribirine yakındır (2-5.61). Yoncalı Formasyonu (Y-8, Y-9 ve S-1) örneklerinde ise daha düşük değerler belirlenmiştir (1.76-1.88). $C_{30}$ 5α (H),14β (H), 17 β (H) steran kömür örneklerinde düşük, diğer örneklerde oldukça yüksektir. Steran/hopan oranının da yüksek olması (>1) denizel çökelim şartlarını göstermektedir (Moldowan vd., 1985). $C_{30}$ steran indeksi ($C_{30}$/($C_{27}$-$C_{30}$ steran) düşük olduğu için lagüner-tuzlu ortam olduğu söylenebilir.

Çİ-1 ve ÇD-6 kömür örneklerinde düşük miktarda (0.13-0.15) belirlenen 18 α(H)-oleanane indeksi diğer örneklerde daha yüksektir (0.4-0.53) ve karasal bitkileri, ayrıca incelenen örneklerin Kretase veya daha genç yaşlı olduğunu belirtmektedir (Peters vd., 2005). Olgunluk açısından değerlendirildiğinde oleanane indeksi olgunlaşmamış-erken olgun aşamayı ifade etmektedir. Ancak bu veriden farklı olarak, $C_{28}/C_{29}$ steran oranları jeolojik yaştan farklı olarak örneklerin yaş aralığını göstermiştir.

ETR (Extended Tricyclic Terpan ratio) $(C_{28}+C_{29})/(C_{28}+C_{29}+Ts)$ oranı da Triyas ve Jura yaşlı petrollerin ayrımlanmasını sağlamaktadır (Holba vd., 2001). ETR $\geq 2.0$ oranı, Triyas yaşlı petrol örneklerinde belirlenmiş olup, sadece hipersalin ortamlardan türeyen petrollerde hata verebilmektedir (Peters vd., 2005). ETR $\leq 2.0$ olduğunda Erken Jura yaşlı, 2.0-1.2 arasında ise Orta ve Geç Jura yaşlı petroller ve kaynak kayaçlar olduğu belirtilmiştir (Peters vd., 2005). İncelenen örneklerde bu oran 0.4-0.96 arasındadır ve kesin yaş verisi sunmasa da kaynak kayanın Jura öncesi olduğunu belirtmesi açısından önemlidir.

m/z 191 kromatogramlarında incelenen örneklerde benzer homohopan dağılımları izlenmiş olup, bu örneklerin kökensel olarak benzerliğini ifade etmektedir (Peters vd., 2005). $C_{29}$ 17α (H), 21 β (H)-norhopan tüm egemen bileşen olup, $C_{30}$ tricyclicterpan, $C_{29}$ normoretan, $C_{30}$ hopan, ve $C_{23}$ tricyclic terpanlar da dikkat çekici bileşenlerdir. Egemen bileşim karbonat/evaporit çökelim ortamına işaret etmektedir (Clark ve Phiph, 1889). Düşük $C_{30}$ hopan ve $C_{35}$ homohopanlarda Yoncalı Formasyonu örneklerdeki bakteriyal bileşimi göstermektedir (ten Haven vd., 1988). Evlik Kömür örneklerinde diğer örneklerden farklı olarak $C_{30}$ Moretanlar da oldukça yüksek orandadır. Ayrıca 17α (H)-Bisnorhopan sadece bu örnekte belirlenmiştir. Buna göre 28, 30 Bisnorhopan ile Monterey Şeyllerinde olduğu gibi anoksik şartların hakim olduğu ve kil miktarının fazla olduğu söylenebilir (Pan ve Philp, 2006).

$C_{22}/C_{21}$ Tricyclic terpan oranlarına göre karbonat bileşimden bahsedilebilir. Bu örneklerdeki MinC oranları kömür örneklerinde daha fazladır ve bu nedenle de kömürlerde mineralojik bileşimlerinde karbonun daha fazla olduğu söylenebilir. Kömür örneklerinde ayrıca ÇE-1 örneğinde görüldüğü gibi $C_{26}/C_{25}$ Tricyclic Terpan oranı yüksek ve $C_{31}$ 22R/$C_{30}$ Hopan oranı düşüktür. Karbonat oranı arttığında $C_{24}$ Tetracyclic terpan oranı artmaktadır.

Denizel ve denizel olmayan ortamları ayırt etmek için yaygın olarak kullanılan $C_{26}/C_{25}$ tricyclicterpan oranı (Burwood vd., 1992; Hanson, 1999; Hanson vd., 2000) incelenen örneklerin denizel/gölsel koşullarda çökeldiğini göstermekte olup (1.14-1.5), $C_{35}$ hopan varlığı, homohopan indeksi (< 1) ve diahopan/$C_{29}$ Ts oranı da (0.17-0.4) bu sonucu desteklemektedir (Peters vd., 2005).

$C_{31}$ 17α (H), 21 β (H)-30 Homohopan (22R)/$C_{30}$ hopan oranı gölsel ve denizel kaynak kayaların çökelim ortamlarının tanımlanmasında kullanılmaktadır. Denizel karbonatlar, marnlar ve şeyl tipi kaynak kayalarda bu oran > 0.25 olup, kömür örneklerinde daha yüksek olmakla birlikte 0.08-1.5 arasındadır ve denizel ortama işaret etmektedir (Peters vd., 2005).

Yoncalı Formasyonu örneklerinde ve sızıntı örneğinde Moretan/hopan düşük (0.08-0.12), kömür örneklerinde ise daha yüksektir (24.5-32). Norhopan/hopan, $C_{24}/C_{23}$ tricyclic terpan ve $C_{19}/(C_{19}+C_{23}$ tricyclic terpan) oranları da Yoncalı Formasyonu örneklerinin karbonat litolojide olduğunu göstermekte, ancak bu değerler kömür örneklerinde farklılık sunmaktadır. Örneğin $C_{19}/(C_{19}+C_{23}$ tricyclic terpan) oranı kömür örneklerinde belirlenememiş, $C_{24}/C_{23}$ tricyclic terpan oranları ise diğer örneklere göre daha düşük, norhopan/hopan oranları ise daha yüksek olarak belirlenmiştir. Bu nedenle Yoncalı Formasyonu ve üç farklı kömür sahası örneklerinin çökelim şartlarındaki farklılık açıkça izlenebilmektedir. İncelenen örneklerde olduğu gibi birçok petrolde $C_{29}$ (norhopan) ve $C_{30}$ (hopan) egemen bileşen olarak izlenmektedir. Ancak bunlar kaynak kaya belirlenmesi sırasında çok ayrıntılı bir değerlendirme sağlamaz, incelenen örneklerde $C_{29}$ norhopanlar $C_{30}$ hopanlara göre daha fazla olup, $C_{29}/C_{30}$ (>0.6), yüksek norhopan/hopan oranları ile $C_{24}$ tetracyclic terpanlar karbonatlı kayaçları işaret etmektedir (Clark ve Philp, 1989; Peters vd., 2005).

Tetracyclic terpan/hopan oranı olgun kaynak kayalarda ve petrollerde, tetracyclic terpanların olgunlaşmaya karşı daha dirençli olması nedeniyle artmaktadır (Aquino Neto vd., 1983). Bu bileşenler biyo-bozunmada hopanlardan sonra tahrip olurlar ve bu nedenle de biyo-bozunmaya uğrayan petrollerin korelasyonu sırasında sıkça kullanılmaktadır (Seifert ve Moldowan, 1980). İncelenen örneklerde Tetracyclic terpan/hopan oranı Çİ-1 örneğinde belirlenememiş, diğer iki kömür örneğinde ise Yoncalı Formasyonu örneklerine göre oldukça yüksek değerler vermiştir. Yoncalı Formasyonu (Y-8, Y-9 ve S-1) örneklerinin Tetracyclic terpan/hopan oranı 0.04 olarak hesaplanmıştır.

Çökelim ortamındaki suyun tuzluluğu ve tuz oranındaki farklılaşmaya işaret eden gammaceran (Connan, 1993; Peters ve Moldowan, 1993; Sinninghe Damste vd., 1995; Peters vd., 2005) Yoncalı Formasyonu Y-8, Y-9 ve S-1 örneklerinde belirlenememiştir. Kömür örneklerinde ise düşüktür (0.08-0.28). Bu nedenle Yoncalı Formasyonu çökelimi sırasında yüksek tuzluluk veya acı su şartlarının hakim olmadığı söylenebilir (Peters ve Moldowan, 1993). Çökelim ortamında tuzluluk belirteci olarak m/z 217 kromatogramlarında pregnanlar izlenmektedir. Kömür sahaları arasında da en fazla tuzluluk oranının Evlik sahası kömürlerinde (ÇE-1) olduğu söylenebilir (Peters ve Moldowan, 1993).

Ts/(Ts+Tm) oranları karbonatlı/evaporitik kayaçlarda daha düşük değerler verirken (<1), silisce zengin kayaçlarda, gölsel-tatlı su veya denizel deltaik ortamlarda daha yüksektir (>1) (Seifert ve Moldowan, 1980; Mello vd., 1988; Peters ve Moldowan, 1993). Bu veriye göre de incelenen örneklerin çökelim ortamının denizel karbonat/evaporit olduğuna işaret etmektedir (0.02-0.67). Katajenez evresinde Tm, Ts'e göre daha duraysızdır ve bu nedenle Ts/(Ts+Tm) oranı, olgunluk ile birlikte artar (olgunlaşmamış-aşırı olgun aşamada) (Peters vd., 2005). İncelenen örneklerde bu oran 0.02-0.67 arasında olup, örnekler arasında birbirine yakın değerler olmakla birlikte sadece Evlik kömür örneği oldukça düşük bir değer vermiştir. Pr/Ph oranları (0.14) anoksik şartları ve şeyl litolojisini belirtmektedir. Ayrıca Ph/n$C_{18}$ oranları da >3 olup karbonat çökelimini göstermektedir. Yüksek pristan olan örneklerde oksik-suboksik şartların daha baskın olduğu söylenebilir. $C_{31}$-$C_{35}$ homohopanlar kaynak kayaların çökelimleri sırasındaki redoks koşulların değerlendirilmesinde kullanılmaktadır (Waples ve Machihara, 1991; Peters and Moldowan, 1993). Kömür örneklerinde belirlenemeyen bu veri, diğer örneklerde 0.17-0.2 arasında değişir ve düşük Eh şartlarını göstermektedir. Düşük Ts/Ts+Tm ve diasteran/düzenli steran oranları, $C_{31-35}$ homohopan dağılımındaki azalım gibi denizel (suboksik) çökelim ortam şartlarını belirtmektedir. Bu kayaçlardaki organik madde tipinin egemen olarak Tip II-III kerojen olması nedeniyle de düşük $C_{31}$-$C_{35}$ hopanlar ve düşük homohopan indeksi oluştuğu söylenebilir (nadiren oksik-genellikle suboksik çökelim şartları) (Peters vd., 2005). $C_{35}$ homohopan oranlarının düşük olması suboksik şartları ifade etmektedir ve bu da düşük hidrojen indeksi değerleri ile açıklanabilir. $C_{29}$/$C_{30}$ hopan oranı, 30-Norhopan/hopan oranı olarak da bilinir ve bu örneklerde olduğu gibi yüksek değerler (>1) anoksik karbonat kayaçları belirtmektedir. İncelenen örneklerde olduğu gibi birçok petrol ve bitümün başlıca bileşeni $C_{29}$ 17$\alpha$ (H) norhopandır. Bu oran olgunlukla birlikte artar, ancak bu örneklerde belirgin bir fark gözlenmez. Kömürlerde değer oldukça yüksek olup olgunlaşma için kullanımı doğru olmayabilir. Yüksek norhopan/hopan ve $C_{35}/C_{34}S$ (>1) hopan oranı anoksik şartlar ve bu ortamlarda oluşan kayaçları vermektedir.

Biyomarker, Rock-Eval piroliz analizi veya organik petrografik veriler ile belirlenen karasal organik madde etkinliği bu sonucu desteklemektedir. Ayrıca orta ve yüksek zincir uzunluktaki bileşenlerin egemen olması da karasal beslenimi göstermektedir.

$C_{31}/C_{30}$ hopan oranları denizel ve gölsel kaynak kayaların ayırt edilmesinde kullanılır ve bu örneklerde olduğu gibi yüksek değerler (>0.25) denizel karbonat, şeyl ve marn litolojisini belirtir. Ayrıca $C_{24}$ Tetracyclic Terpan/$C_{26}$ Tricyclic Terpan oranları da şeyl tipi litolojiyi belirtmektedir. Yüksek $C_{29}$ steran, $C_{29}/C_{27}$ oranının > 1 olması, bol $C_{19}$ ve $C_{20}$ Tricyclic terpan yüksek karasal organik madde girişini belirtmektedir.

Ts/Ts+Tm oranları örnekler arasında belirgin bir farklılık göstermez ve dolayısıyla olgunluk açısından fark olmadığı doğrulanmıştır. Özellikle biyomarker parametreleri ile olgunluk değerlendirmesi yapılırken, havzanın ısınma süresi, ısınma oranı, köken kaya litolojisi ve bileşimi oluşturan organik maddeler (kerojen tipi) çok önemlidir ve yorumlama sırasında bunlara dikkat edilmelidir. Bu nedenle olgunluk değerlendirmesi yapılırken elde edilen tüm olgunluk parametreleri birlikte yorumlanmaya çalışılmıştır. Örneğin, artan olgunlukla birlikte $C_{29}$ 20S/(20S+20R) steran oranı da artmakta olup (~0-~0.5), benzer gelişim $\beta\beta/(\beta\beta+\alpha\alpha)$ steran oranlarında da (~0-~0.7) görülmektedir (Mackenzie vd., 1980; Spiro, 1984; Waples, 1985; Seifert ve Moldowan, 1986; Waples ve Machihara, 1991; Hunt, 1996). $C_{29}$ 20S/(20S+20R) steran oranları incelenen kömür örneklerinde daha yüksek (0.38-0.83), diğer örneklerde ise birbirine çok benzer şekilde 0.07-0.09 arasında belirlenmiştir. $C_{29}$ $\beta\beta/(\beta\beta+\alpha\alpha)$ steran oranları ise tüm örneklerde benzer olup 0.14-0.33 ve sızıntı örneğinde de 0.17'dir. $\beta\beta/(\beta\beta+\alpha\alpha)$ ve 20S/(20S+20R) steran oranlarına göre incelenen örnekler erken olgun evrededir. ÇE-1 örneğinde bu oranın daha yüksek olması mineralojik bileşim (karbonat) içeriği ile ilgilidir. $C_{31}$-$C_{35}$ 17α-homohopanlarda C22 pozisyonunda olgunlaşma ile birlikte izomerizasyon da artmaktadır. 22S/(22S+22R) homohopan oranı 0-0.6 ya kadar değişerek, olgunlaşmamış-erken olgun aşamadaki örneklerde kullanılmaktadır (Volkman vd., 1983; Waples ve Machihara, 1991; Hunt, 1996). Bu oran kömür örneklerinde belirlenememiştir. Yoncalı Formasyonu örneklerinde ise 0.3-0.5 ve sızıntı örneğinde ise 0.4 olarak belirlenmiş olup erken olgun aşamayı göstermektedir. Y-8 örneğinin olgunlaşmasının bir miktar daha yüksek olduğu söylenebilir ve bu veri $T_{max}$ değeri ile de desteklenmiştir. Pr/nC17 ve Ph/nC18 oranlarının olgunluk ile azalması beklenmektedir ancak incelenen örneklerde bu tip bir değişim belirlenememiştir. OEP (tek sayılı n-alkan/çift sayılı n-alkan) değeri (Scalan ve Smith, 1970) kömür örneklerinde ve Yoncalı Formasyonu örneklerinde ise düşük olgunlaşma düzeyini işaret etmektedir. Ayrıca bu veri hipersalin şartlardaki karbonat kayaçları da belirtmektedir. Y-8 ve Y-9 örneklerinin ~1 OEP değeri olgun süreci belirtiyor olsada diğer biyomarker verileri ve $T_{max}$, $R_o$ değerlerine göre örnekler olgunlaşmamıştır ve bu parametre diğer veriler ile desteklenmemektedir.

İncelenen örneklerde Bisnorhopan İndeksi de (28, 30 Bisnorhopan/$C_{30}$ 17α (H), 21β (H)-hopan*100) belirlenmiştir. Bu değerlendirmede <10 değerleri denizel silikatlar, denizel deltaik ortam çökellerini, 10-50 değerleri denizel evaporit, karbonatlar ve >50 ise incelenen örneklerde olduğu gibi denizel karbonatları işaret etmektedir. Ayrıca orta-yüksek BNH (bisnorhopan) değerleri organik maddenin çökelim ortamının suboksik-anoksik olduğuna işaret etmektedir.

Moretanlar, hopanlara göre ısısal olarak daha duraysızdır ve moretan/hopan oranı olgunlukla birlikte azalmaktadır (Seifert ve

Moldowan, 1980; Grantham, 1986; Kvenvolden ve Simoneith, 1990; Peters vd., 2005). Bu parametre genellikle Tersiyer yaşlı olgunlaşmamış ana kayaçlarda 0.05-0.15 arasında değişir ve incelenen örneklerde de olgunlaşmamış aşamayı göstermektedir (Mackenzie vd., 1980; Seifert ve Moldowan, 1980; Waples ve Machihara, 1991). Yoncalı Formasyonu örneklerinde bu oran oldukça düşük olarak belirlenmiştir ve bu parametre olgunluk düzeyi ile uyuşmamaktadır. Bu örneklerin $T_{max}$ değerleri kömür örneklerine göre yüksek olmakla birlikte bu farklılık litolojik farklılıktan kaynaklanıyor da olabilir. Ayrıca diahopan/$C_{29}$ Ts oranı, (0.17-0.4), $C_{23}$ Tricyclic terpan/($C_{23}$ Tricyclic terpan+ $C_{30}$ hopan) (0.13-0.96), $C_{24}$/$C_{23}$ oranları, oleananae indeksi, oranlarına göre de incelenen örnekler olgunlaşmamış-erken olgun aşamadadır. Bu veriler vitrinit yansıması ölçümleri ile ve uyumludur (% Ro:0.33-0.49).

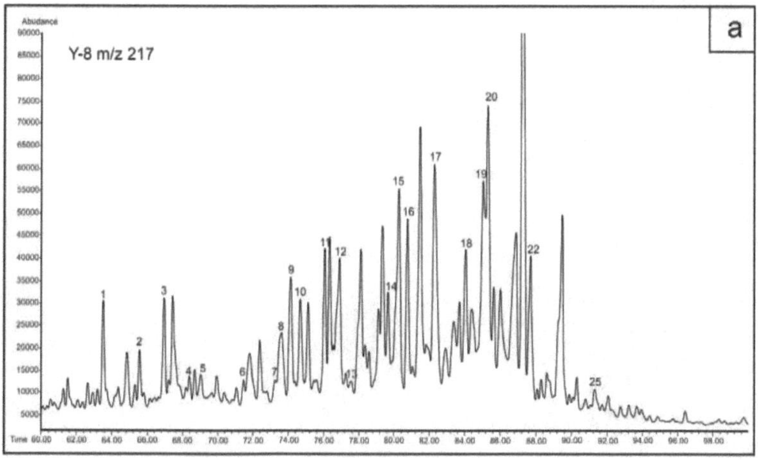


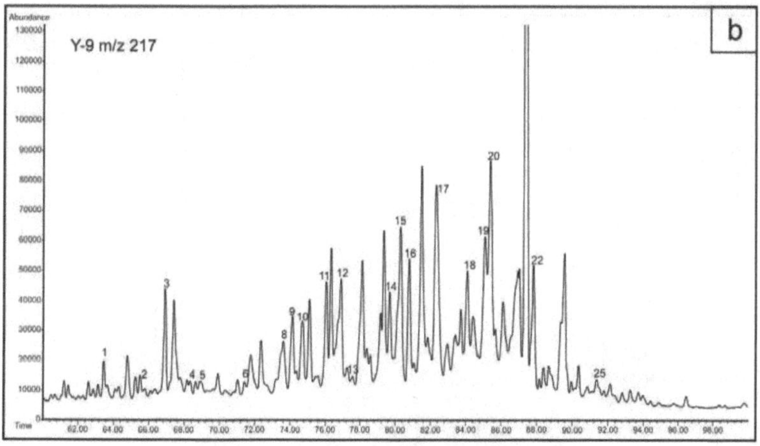


**Şekil 5.35** Y-8 (a) ve Y-9 (b) nolu örneklerin m/z 217 kromatogramları

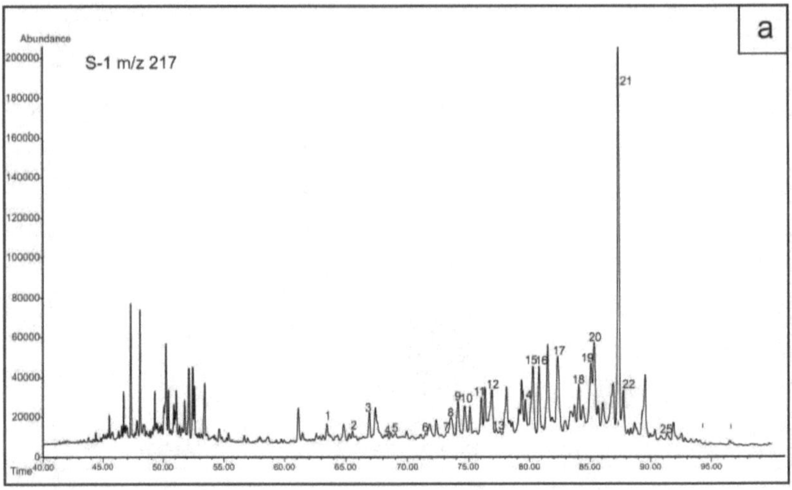


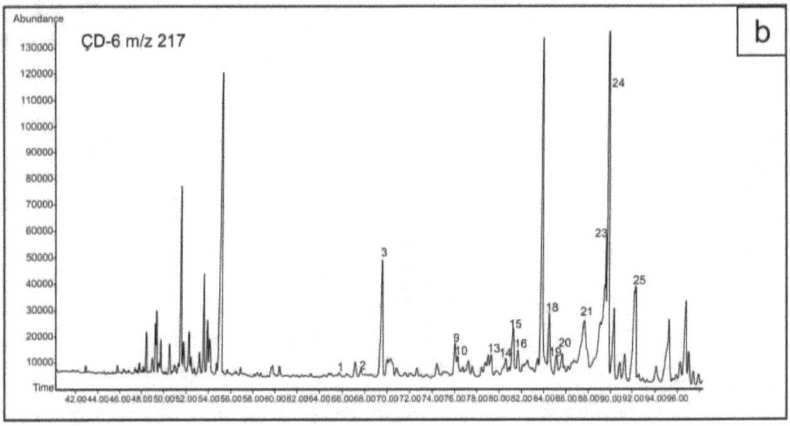


**Şekil 5.36** S-1 (a) ve ÇD-6 (b) nolu örneklerin m/z 217 kromatogramları

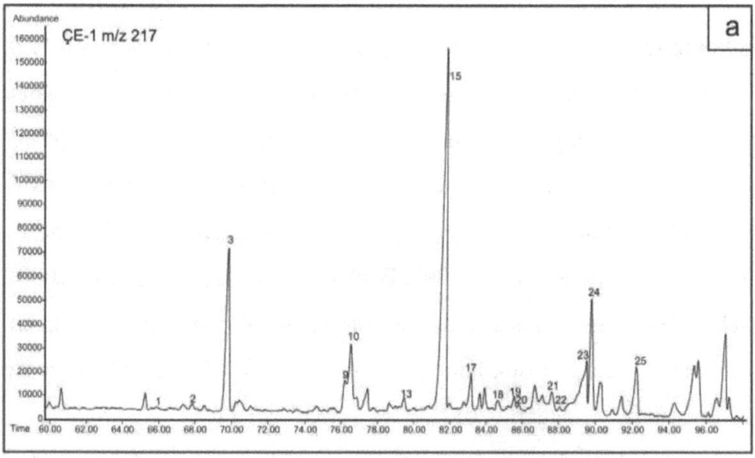


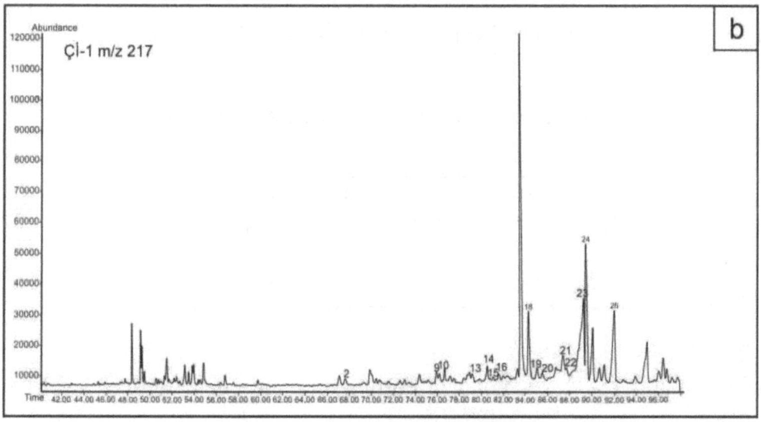


**Şekil 5.37** ÇE-1 (a) ve Çİ-1 (b) nolu örneklerin m/z 217 kromatogramları

### 5.2.4. Duraylı Karbon ($\delta^{13}C$) İzotop Analiz Değerlendirmeleri

Özellikle kömür ve organik maddece zengin kayaçlarda paleo-ortam değişikliklerinin belirlenmesinde yaygın olarak kullanılan yöntemlerden biri duraylı karbon izotop değerlendirmesidir. Petrografik, organik jeokimyasal ve duraylı karbon izotop değerleri kömürlerde ve paleo-ortamdaki fosil bitki kalıntılarında bitki çeşitliliği, türleri ve paleosıcaklık ve nemlilik bakımından önemli bilgiler sunar (Kalcon ve Sachsenhofer, 1999; Gruber ve Sachsenhofer, 1991; Bechtel vd., 2002, 2003, 2004, 2008). Yüksek değerler ise karasal malzeme girişini ifade eder. Örneğin çimen, saz gibi selüloz oranı düşük karasal malzemeler –‰12, ağaçsı bitkiler ise ‰ -27 civarında $^{13}C$ değeri verir.

İnceleme alanından alınan Y-9 ve S1 örneklerinin $\delta^{13}C$ değerleri ‰ -26.57 ve –27.21 olup, genellikle karasal kaynaklı, gölsel organik maddeler ile denizel organik maddeleri işaret etmektedir (Çizelge 5.12).

**Çizelge 5.12** İncelenen örneklerin izotop $\delta^{13}C$ değerleri

| Örnek No | $\delta^{13}C$ (Tüm kaya) |
|---|---|
| S1 | -27.21 |
| Y-9 | -26.57 |

Yeşilçat sızıntı (S-1) ve Yoncalı Formasyonu örneği değerleri birbirine yakın olup sızıntının bu formasyondan türemiş olabileceği görüşünü güçlendirmektedir.

## 5.3. Yeşilçat Sızıntısının Organik Jeokimyasal Özellikleri

İnceleme alanının içinde olduğu Çankırı-Çorum Havzasında TPAO tarafından detaylı olarak araştırılan bir sızıntı bulunmaktadır. Bu sızıntı Kağnıcı Köyü Petrol sızıntısı olarak adlandırılmıştır ve Çorum'un kuzeyinde, Osmancık-Saraycık arasında bulunmaktadır.

Bu çalışma sırasında ise özellikle (Yeşilçat köyü, mevkii) ve Yeşilçat köyüne 1 km mesafede petrollü kumtaşları bulunmuştur. Bu sızıntı Yeşilçat sızıntısı olarak ilk kez bu çalışmada tanımlanmıştır.

**Şekil 5.38** Yeşilçat köyü civarındaki organik madde izli kumtaşı

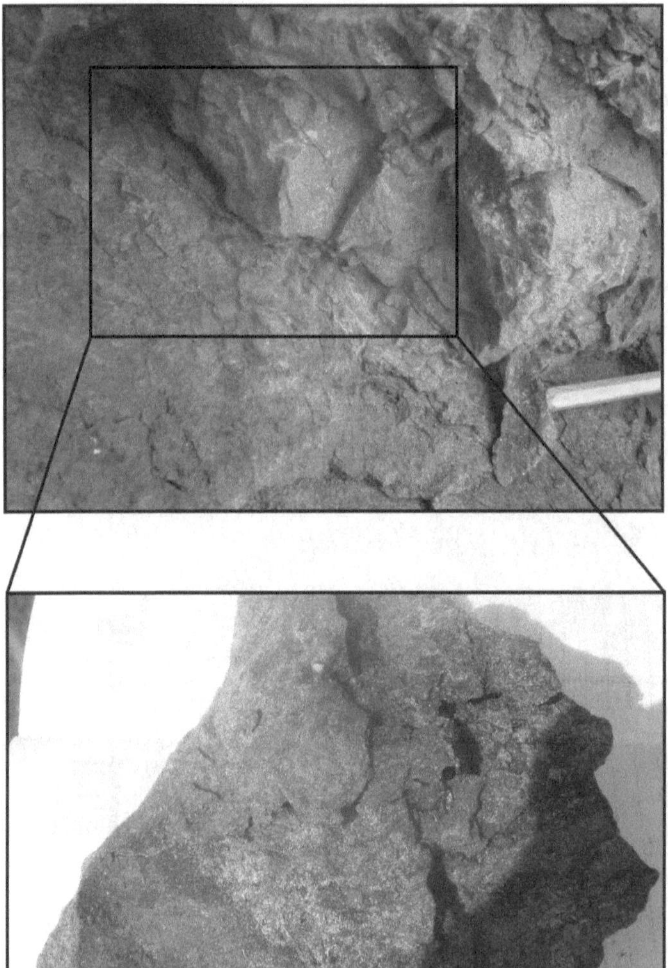

**Şekil 5.39** İnceleme alanında belirlenen katı bitümlü örneğin arazi ve makroskobik görünümü

Sızıntının bulunduğu örnekte detay organik jeokimyasal veriler elde edilmiştir. Diasteran/steran oranı sızıntı örneğinde (S-1) 0.4 olup anoksik ortamları ve karbonatlı kayaçları ifade etmektedir (Waples and Machihara, 1991; Peters vd., 2005). Steran/hopan oranının da yüksek olması (>1) denizel çökelim şartlarını (Moldowan vd., 1985), $C_{30}$ steran varlığı denizel kaynak kayaları, $C_{30}$ steran indeksi ($C_{30}$/($C_{27}$-$C_{30}$ steran) düşük olduğu için lagüner-tuzlu ortam olduğu söylenebilir.

Sızıntı örneğinde 18$\alpha$ (H)-oleanane indeksi değeri 0.4' dür ve karasal bitkileri, ayrıca incelenen örneğin Kretase veya daha genç yaşlı olduğunu belirtmektedir (Peters vd., 2005). Olgunluk açısından değerlendirildiğinde oleanane indeksi olgunlaşmamış-erken olgun aşamayı ifade etmektedir. ETR (Extended Tricyclic Terpan ratio) ($C_{28}$+$C_{29}$)/($C_{28}$+$C_{29}$+Ts) oranı da Triyas ve Jura yaşlı petrollerin ayrımlanmasını sağlar (Holba vd., 2001). ETR $\geq$ 2.0 oranı, Triyas yaşlı petrol örneklerinde belirlenmiş olup, sadece hipersalin ortamlardan türeyen petrollerde hata verebilmektedir (Peters vd., 2005). ETR $\leq$2.0 olduğunda Erken Jura yaşlı, 2.0-1.2 arasında ise Orta ve Geç Jura yaşlı petroller ve kaynak kayaçlar olduğu belirtilmiştir (Peters vd., 2005). İncelenen sızıntı örneğinde bu oran 0.4'dür ve kesin yaş verisi sunmasa da kaynak kayanın Jura öncesi olduğunu belirtmesi açısından önemlidir. $C_{29}$ 17$\alpha$ (H), 21$\beta$ (H)-norhopan tüm egemen bileşen olup, $C_{30}$ tricyclicterpan, $C_{29}$ normoretan, $C_{30}$ hopan, ve $C_{23}$ tricyclic terpanlar da dikkat çekici bileşenlerdir. Egemen bileşim karbonat/evaporit çökelim ortamına işaret etmektedir (Clark ve Phiph, 1889). $C_{22}$/$C_{21}$ Tricyclic terpan oranlarına göre karbonat bileşimden bahsedilebilir. Denizel ve denizel olmayan ortamları ayırt etmek için yaygın olarak kullanılan $C_{26}$/$C_{25}$ tricyclicterpan oranı (Burwood vd., 1992; Hanson, 1999; Hanson vd., 2000) incelenen sızıntı örneğinin denizel/gölsel koşullarda çökeldiğini göstermekte olup (1.5), $C_{35}$ hopan varlığı, homohopan indeksi (< 1) ve diahopan/$C_{29}$ Ts oranı da (0.2) bu sonucu desteklemektedir (Peters vd., 2005). $C_{31}$ 17α (H), 21 β (H)-30 Homohopan (22R)/$C_{30}$ hopan oranı sızıntı örneğinde 0.12'dir ve denizel ortama işaret etmektedir (Peters vd., 2005).

İncelenen örnekte Moretan/hopan düşüktür (0.08). Norhopan/hopan (5.16), $C_{24}/C_{23}$ tricyclic terpan (2.01) ve $C_{19}/(C_{19}+C_{23}$ tricyclic terpan) oranları (0.25) da sızıntı örneğinin karbonat litolojide olduğunu göstermektedir. İncelenen sızıntı örneğinin Tetracyclic terpan/hopan oranı 0.04 olarak hesaplanmıştır.

Çökelim ortamındaki suyun tuzluluğu ve tuz oranındaki farklılaşmaya işaret eden gammaceran (Connan, 1993; Peters ve Moldowan, 1993; Sinninghe Damste vd., 1995; Peters vd., 2005) S-1 (sızıntı) örneğinde belirlenememiştir. Bu nedenle Yoncalı Formasyonu çökelim sırasında yüksek tuzluluk veya acı su şartlarının hakim olmadığı söylenebilir (Peters ve Moldowan, 1993). Çökelim ortamında tuzluluk belirteci olarak m/z 217 kromatogramlarında pregnanlar izlenmektedir. Ts/(Ts+Tm) oranları karbonatlı/evaporitik kayaçlarda daha düşük değerler verirken (<1), silisce zengin kayaçlarda, gölsel-tatlı su veya denizel deltaik ortamlarda daha yüksektir (>1) (Seifert ve Moldowan, 1980; Mello vd., 1988; Peters ve Moldowan, 1993). Bu veriye göre de incelenen sızıntı örneğinin çökelim ortamının denizel karbonat/evaporit olduğuna işaret etmektedir (0.43). Katajenez evresinde Tm, Ts'e göre daha duraysızdır ve bu nedenle Ts/(Ts+Tm) oranı olgunluk ile birlikte artar (olgunlaşmamış-aşırı olgun aşamada) (Peters vd., 2005). Pr/Ph oranı (0.14) anoksik şartları, Ph/n$C_{18}$ oranı da > 3 olup karbonat çökelimini göstermektedir. Yüksek pristan olan örneklerde oksik-suboksik şartların daha baskın olduğu söylenebilir. $C_{31}$-$C_{35}$ homohopanlar kaynak kayaların çökelimleri sırasındaki redoks koşulların değerlendirilmesinde kullanılmaktadır (Waples ve Machihara, 1991; Peters and Moldowan, 1993). Sızıntı örneğinde bu değer 0.2'dir ve düşük Eh şartlarını göstermektedir. İncelenen sızıntı örneğinde olduğu gibi birçok petrol ve bitümün başlıca bileşeni $C_{29}$ 17α (H) norhopandır. Yüksek norhopan/hopan ve $C_{35}/C_{34}S$ (>1) hopan oranı anoksik şartlar ve bu ortamlarda oluşan kayaçları vermektedir. $C_{29}$ 20S/(20S+20R) steran oranı 0.09, $C_{29}$ ββ/(ββ+αα) steran oranı ise 0.17'dir.

ββ/(ββ+αα) ve 20S/(20S+20R) steran ve moretan/hopan oranlarına göre incelenen sızıntı örneği erken olgun evrededir. 22S/(22S+22R) homohopan oranı 0.40 olarak belirlenmiş olup erken olgun aşamayı göstermektedir. OEP değeri (Scalan ve Smith, 1970) sızıntı örneğinde düşük olgunlaşma düzeyini işaret etmektedir. Bisnorhopan İndeksi de (28, 30 Bisnorhopan/C30 17α (H), 21 β (H)-hopan*100) belirlenmiş olup bu örnekte denizel evaporit ve karbonatları işaret etmektedir. Ayrıca orta-yüksek BNH değerleri organik maddenin çökelim ortamının suboksik-anoksik olduğuna işaret etmektedir.

Ayrıca diahopan/$C_{29}$ Ts oranı (0.2), $C_{23}$ Tricyclic terpan/($C_{23}$ Tricyclic terpan+ $C_{30}$ hopan) (0.14), $C_{24}/C_{23}$ oranları (2.01), oleananae indeksi (0.4), oranlarına göre de incelenen sızıntı örneği olgunlaşmamış-erken olgun aşamadadır. Bu veriler vitrinit yansıması ölçümleri ile ve uyumludur (% Ro: 0.48).

Bu sonuçlara göre sızıntı kaynak kayasının bu çalışmadaki veriler ışığında Yoncalı Formasyonu olabileceği belirlenmiştir.

# 6. Sonuçlar ve Öneriler

Bu tez çalışması Çankırı-Çorum Havzası'nda, kuzeyde Yapraklı-Bayat-İskilip doğuda Uğurludağ güneyde Sungurlu ve Kızılırmak batıda ise Eldivan alanları arasındaki bölgede yapılmıştır. İncelenen alanın gravite ve havadan manyetik anomalileri değerlendirilerek sismik kesitler ve kuyu verileri kullanılarak 2.5-B modelleri oluşturulmuştur. Ayrıca incelenen alanda yüzeyleyen sedimanter kayaçlardan derlenen yüzey örnekleri ile kaynak kaya potansiyeli ve Yeşilçat sızıntısı ile ilgisi araştırılmıştır.

Bölgede yapılan jeofizik çalışmalar, jeolojik gözlem ve bulgularda olduğu gibi ortamın karmaşık olduğunu ortaya koymuştur. Sismik kesitlerden elde edilen hız değerleri düşey ve yatay yönde ani değişimler göstermektedir. Sismik kesit CC-L1'in (Şekil 5.9) Topuzsaray-1 kuyusu ile ilişkilendirilmesi sonucu tüf ve volkanik serilerin ters faylanmadan kaynaklanmış olabileceği ortaya çıkmıştır. Her ne kadar CC-L1 sismik kesitinde görülen atım fazla görülmemekte ise batıya doğru atım fazla olabilir ve Topuzsaray-1 kuyusunda bu atım çok daha fazla olabilir. CC-L2 ve CC-L3 sismik kesitlerinde derinlerde gravite modelleri ile birebir uyum gözlenmektedir. Sığ bölgelerde gözlenen uyumsuzluk ani sismik hız ve yoğunluk değişimlerine bağlanmaktadır. CC-L4 sismik kesitindeki yoğun tuzun etkisiyle basen temelini temsil eden yansıma iyi takip edilememektedir. Ancak takip edilen derinlikler 2.5-B model ile uyum içindedir. Kesitin GB ucundan itibaren açılan Sağpazar-1 kuyusu 1650 metrede evaporitlere girmiştir. 2.5-B gravite modelinde görülen derinleşme evaporitlerden kaynaklanabilir. CC-L5 sismik kesitinde temelin sığlaşması söz konusu olmadığından 2.5-B gravite modeli ile en iyi uyum gözlenmektedir. Özellikle yüzeyde ve/veya sığ derinliklerideki evaporitlerin sismik kaliteye çok olumsuz yönde etkilerinin olduğu açıkca gözlenmektedir. Bu yönüyle sismik kesitlerin yüzeydeki ve/veya derinlerdeki evaporit etkisini azaltmak üzere çok dikkatli bir şekilde yapılacak statik düzeltmeler sonrası yeniden veri işleme tutulması önerilmektedir. Bölgede bundan sonra tekrar sismik veri toplama faaliyeti yürütülecekse yukarıdaki önerinin dikkate alınması gerekliliği ortaya çıkmaktadır. Havza temelinin derin olduğu alanlarda ise çok daha uyumlu ve karşılaştırılabilir sonuçlar alınmıştır. Bu nedenle sismik kesitlerin özellikle sığ kesimlere odaklanacak şekilde hız analizine tabi tutulmak kaydıyla yeniden veri işlem yapılması da önerilmektedir. Özellikle de sığ derinliklere odaklanmış hız analizi ile bu sorunun azaltılabileceği ya da ortadan kaldırılabileceği düşünülmektedir. Buna paralel olarak bir potansiyel alan verisi olan gravite verilerinden 2.5-B modelinin vereceği derinliklerin sismik kesitlerle bire bir uyumlu olması elbette beklenemez. Ancak bu uyumu yakalamak ya da artırmak için (daha sağlıklı model kurabilmek için) çalışma alanında çok sık aralıklarla numune toplanması da düşünülmelidir. Numune alımı sırasında da bölgedeki gerek temel kayaçlar, gerek sedimanter istifi oluşturan birimler ve gerekse yüzeyi örten tüm kayaçlardan olabildiğince çok örnek alınmasına alınmalıdır. Böylece oluşturulacak modellerin çok daha sağlıklı ve sismik kesitlerle çok daha uyumlu olması beklenebilir.

Gravite anomalilerinin sismik kesitlerle ilişkilendirilerek modellenmeleri sonucu derinlikleri 5 km'ye yaklaşan sedimanter havzaların varlığı ortaya çıkmıştır. Manyetik anomali haritası ortada sakin özellik gösterirken kuzeybatıda şiddetli anomaliler yer almaktadır. Bu anomalilerin 2.5-B modellenmesi sonucu yer altında en kuzeyde ters mıknatıslanmalı bir kütlenin varlığı ortaya çıkarılmıştır. Ters mıknatıslanmalı böyle bir kütlenin varlığı okyanus tabanı ürünü olduğunu işaret etmektedir. İzmir-Ankara-Erzincan kenet zonunun buradan geçmesi yüzey jeolojisinde ofiyolitik birimin gözlenmesi bu bulguyu güçlendirmektedir. Bölgenin güneyinde ve kuzeydoğusunda yer alan birçok anomalinin polariteleri kalıntı mıknatıslanmanın varlığını işaret etmektedir. Polaritelerin yönleri yaklaşık olarak kuzeybatı yönünde olup, bölgenin saatin tersi yönünde döndüğünü işaret etmektedir.

Toplam Organik Karbon (TOC,%) değeri Yoncalı Formasyonu örneklerinde %0.11-4.97 arasındadır (ort.; %1.56). Bu sonuçlar karbonatlı düzeylerin organik madde içeriği bakımından zengin olduğunu (TOC>%0.5) ve kaynak kaya olarak düşünülebileceklerini ifade eder. Karabalçık Formasyonu için TOC değerleri % 0.13-0.23 arasında (ortalama %0.19), Kocaçay Formasyonu örnekleri için % 0.05-0.39 (ortalama %0.22) ve Yoncalı Formasyonu örneği için ise %0.1'dir. İnceleme alanında yeralan İncesu kömür sahası örneğinde TOC % 9.42, Evlik kömür sahası örneğinde % 26.56, Dodurga kömür sahası örneğinde ise TOC % 53.5' dur.

İncelenen Yoncalı Formasyonu örneklerinde % 20-50 amorf (ortalama % 37), % 5-20 otsu (ortalama %9), % 10-40 odunsu (ortalama %27), %15-40 kömürsü (ortalama %27) oranında belirlenmiştir. Yapraklı Formasyonu örneklerinde %60 amorf, % 5 otsu, %15 odunsu, %20 kömürsü organik madde izlenmiştir. Kocaçay Formasyonuna ait 2 adet örnekte ise egemen olarak odunsu bileşenler bulunmaktadır.

Hidrokarbon türümü için önemli bir parametre olan Hidrojen İndeksi değerleri Yoncalı Formasyonu için 14-104 mg HC/g TOC arasında, Karabalçık Formasyonu için 10-15 mg HC/g TOC arasında, Kocaçay Formasyonu için 40-62 mg HC/g TOC, Yapraklı formasyonu için ise 10 mg HC/g TOC' dir. Bu örneklerdeki bazı yüksek Oksijen İndeks değerleri (>150 mg $CO_2$/g TOC) mineral matriks etkisine veya piroliz işlemi sırasında mineral dekompozisyonuna bağlı olarak gelişmiştir.

Hidrojen İndeksi-Oksijen İndeksi, HI-$T_{max}$ ve S2-TOC diagramlarında örneklerin büyük kısmı Tip II-III (karasal ve denizel) ve Tip III (karasal, kalıntı organik madde) alanında dağılmış olup kerojen preparatlarında belirlenen egemen karasal (odunsu ve amorf) malzeme verisi ile de birbirini destekler. Özellikle kaynak kaya potansiyeli açısından organik jeokimyasal olarak incelenen marnların herhangi bir türüm potansiyeli olmadığı belirlenmiştir.

HI-$T_{max}$ grafiğinde incelenen örnekler olgunlaşmamış-erken olgun aralığında dağılmıştır. $T_{max}$ değerleri Yoncalı Formasyonu örnekleri için 336-439°C arasında (ort.; 421°C), Karabalçık Formasyonu için 430-447°C arasında (ort.; 441°C), Kocaçay Formasyonu örnekleri için 428-441°C (ort.; 435°C) ve Yapraklı Formasyonu örneğinde ise 492°C' dir. Yoncalı Formasyon'unda PI değerleri 0.01-0.62, Karabalçık Formasyon'unda 0.18-0.39, Kocaçay Formasyon'unda 0.03-0.24 ve Yapraklı Formasyonu örneğinde ise 0 olduğu belirlenmiştir ve bu değerler olgunlaşmamış-olgunlaşma başlangıcını (erken olgun) işaret eder. Özellikle $T_{max}$ ve PI değerleri birbirleriyle uyumlu olarak olgunlaşmamış-erken olgun aşamayı gösterir.

Yoncalı Formasyonu örneklerinde S1 değerleri 0-0.08 mg HC/g kaya arasında; S2 değerleri de 0.02-5.18 mg HC/g kaya arasındadır. Karabalçık Formasyonu örnekleri için ise S1 değeri 0-0.01 mg HC/g kaya aralığında, S2 değeri de 0.02-0.03 mg HC/g kaya aralığında değişmektedir. Ayrıca Kocaçay Formasyonu örneğinde S1 değeri 0.01 mg HC/g kaya; S2 değeri 0.02-0.24 mg HC/g kaya ve Yapraklı Formasyonu örneğinde ise S1 değeri 0 mg HC/g kaya mg HC/g kaya, S2 değeri ise 0.01 mg HC/g kaya' dır. Sadece S1 ve S2 değerine göre yorum yapıldığında Yoncalı formasyonu örneklerinin kaynak kaya potansiyelinin varlığından bahsedilebilir.

Jenetik potansiyel değerleri Yoncalı Formasyonu örneklerinde 0.03-5.21 mg HC/g kaya, Karabalçık Formasyonu örneklerinde 10.44-72.72 mg HC/g kaya arasında, Kocaçay Formasyonu örneklerinde 0.03-0.25 mg HC/g kaya ve Yapraklı Formasyonu örneğinde ise 0.01 mg HC/g kaya' dır. S2/S3 değerleri 2'den büyük, PI değerleri 0.1 den küçük ve genellikle 435 $^{o}$C den düşük olup, $T_{max}$ değerleri olgunlaşmamış aşamayı belirtir.

Örneklerde toplam özüt miktarı 226-4291 ppm arasındadır. Yüksek molekül ağırlıklı *n*-alkan oranının bol oluşu yüksek karasal bitkileri ifade eder. Bunların kaynağı ise büyük boyutlu ağaçlar değil yaprak, çalı, lignin ve selülozca zengin algal bileşenlerdir. Bu bitkisel organizmaların spor, polen ve tohum gibi bazı kısımları lipid ve mumsu malzemelerce zengindir. İncelenen örneklerde $C_{10}$-$C_{40}$ aralığındaki *n*-alkanlarda tek sayılı olanların göreceli bolluğu *n*-$C_{16}$ ve *n*-$C_{25}$ bileşenlerinin bunlar arasında daha egemen olduğu izlenir. Özellikle uzun zincirli *n*-alkanlar egemen olmakla birlikte değişen oranlarda kısa ve orta zincirli bileşenlerde bulunmaktadır.

Uzun zincirli $C_{27}$-$C_{31}$ n-alkanların toplam n-alkanlar içindeki nisbi bolluğu karasal bitkileri ifade ederken, kısa zincirli n-alkanlar ($<C_{20}$) egemen olarak alg ve mikroorganizmalarda bulunur ve bu bileşenler kömür örneklerinde oldukça düşük, Yoncalı Formasyonu ve sızıntı örneğinde ise yüksektir. İncelenen örneklerde egemen olarak orta ve yüksek molekül ağırlıktaki n-alkanlar ($C_{21-25}$ ve $C_{25-35}$) olup karasal ve gölsel organik malzemeyi belirtir. Örneklerde ayrıca düşük oranlarda izlenen acyclic isoprenoidlerden pristan ve fitandan itibaren düşük Pr/Ph oranları düşük olgunlaşma süreçleri ile ilgilidir.

Yoncalı Formasyonuna ait killi kireçtaşı (Y-8, Y-9) ve sızıntı alanından alınan S-1 örneklerinde yüksek $C_{29}$ ($C_{29}>C_{28}>C_{27}$) steran belirlenmiştir. İncelenen örneklerden özellikle Yoncalı Formasyonu, sızıntı örneği ve İncesu kömürlerinde $C_{29}$, Evlik ve Dodurga Kömürlerinde ise $C_{28}$

oranları fazladır. Özellikle bileşimde bol miktarda bulunan $C_{29}$'un karasal organik madde yanı sıra kahverengi-mavi yeşil alglerden kaynaklandığı söylenebilir. Bu veri organik petrografik değerlendirmelerde izlenen düşük odunsu ve kömürsü bileşen ile birbirini desteklemektedir. İncelenen birimlerin çökelim ortamının denizel olması nedeniyle yüksek karasal bitkilerden ziyade bitkisel bileşim daha çok deniz tabanı bitkilerinden, alglerden kaynaklanmıştır, ayrıca karadan taşınan organik maddede katkıda bulunmuştur.

Ayrıca steran/hopan oranının da düşük olması (algler ve karasal bitkilerin) bakteriyel aktivite etkisinde kaldığını gösterir. Örneklerde steran/hopan oranı yüksek olup, özel bir bakteri etkinliği olan ortamı işaret eder. Yoncalı Formasyonu örneklerinin düşük pentacyclic terpan oranları ($C_{32}$-$C_{35}$) biyodegredasyonu, Ts/Tm oranı olgunlaşmamış organik maddeyi belirtir.

İncelenen örneklerin biomarker analiz verileri de paleo-ortam özelliklerinin açıklanması bakımından önemlidir. Yoncalı Formasyon'una ait bütün örneklerde homohopanlar bulunmakta ve $C_{31}$'den $C_{35}$'e doğru homohopan pik yüksekliğindeki düzenli azalım kırıntılı fasiyesler için tipik olarak izlenmektedir. Ortamın fazla tuzlu olmadığı ise yüksek tuzluluk belirteci olan gammaceranların incelenen örneklerde bulunmaması ile yorumlanmıştır. $C_{26}/C_{25}$ tricyclicterpan oranı incelenen örneklerin denizel/gölsel koşullarda çökeldiğini göstermekte olup (1.2-1.5), $C_{35}$ hopan varlığı, homohopan indeksi ($< 1$) ve diahopan/$C_{29}$ Ts oranı da (0.17-0.4) bu sonucu desteklemektedir.

Yeşilçat sızıntı (S-1) ve Yoncalı Formasyonu örneği duraylı karbon izotop değerleri birbirine yakın olup (-26.57 ve -27.21) sızıntının bu formasyondan türemiş olabileceği görüşünü güçlendirmektedir.

Sonuçta, inceleme konusu olarak belirlenen Çankırı-Çorum havzasındaki sedimanter birimlerin hidrokarbon türüm potansiyelleri değerlendirilmiş, Yeşilçat köyü civarında belirlenen bitüm kalıntıların Yoncalı Formasyon'undan oluşmuş olabileceği, kısa mesafeli bir hareketle ve tansiyon çatlaklarına bağlı olarak yüzeylediği belirlenmiştir.

Bölgede yer alan formasyonlarda yapılan organik jeokimyasal bulgulardan ortaya çıkan denizel ortam varlığı, manyetik modelde gösterilen deniz tabanına ait yapı ile örtüşmektedir.

# Kaynaklar


Akarsu, I., 1959. Çorum Bölgesinin Jeolojisi: Türkiye Jeol. Kur. Bült. 7, 19-30.

Akgün, F., Akay, E., Erdoğan, B., 2002. Terrestrial to shallow marine deposition in Central Anatolia: a palynological approach. Turkish Journal of Earth Sciences 11, 1-27.

Akyürek, B., Bilginer, E., Akbaş, B., Hepşen, N., Pehlivan, Ş., Sunu, O., Soysal, Y., Değer, Z., Çatal, E., Sözeri, B., Yıldırım, H., Hakyemez, Y., 1982. Ankara-Elmadağ- Kalecik Dolayının Jeolojisi. MTA Rap. No:7298 (Yayımlanmamış).

Anders, D.E. and Gerrild, P.M., 1984. Hydrocarbon generation in lacustrine rocks of Tertiary age, Uinta Basin, Utah-Organic carbon, pyrolysis yield, and light hydrocarbons: In J. Woodward, F.F. Meissner, and J.L. Clayton (eds.), Hydrocarbon source rocks of the greater Rocky Mountain region. Denver: Rocky Mountain Association of Geologists, 513-524 p.

Aquino Neto, F.R., Trendel, J.M., Restle, A., Connan, J., Albrecht, P.A., 1983. Occurrence and formation of tricyclicand tetracyclic terpanes in sediments and petroleums. In: Bjorøy, M. (Ed.), Advances in Organic Geochemistry. pp. 659–667.

Ateş, A., Kearey, P. and Tufan, S., 1999. New gravity and magnetic anomaly maps of Turkey. Geophysical Journal International, 136, 499-502.

Ayan, T., 1969. Petroleum Possibilities of the Çankırı-Yerköy Basins. TPAO Report No: 469-101 pp. (in Turkish).

Aydemir, A. 2005. Tuzgölü Havzası ve çevresinin yapısal jeolojisi ve hidrokarbon potansiyelinin jeofizik yöntemlerle tespiti. Ankara Üniversitesi, Fen Bilimleri Enstitüsü, Doktora Tezi, 229 sf., Ankara (yayınlanmamış).

Aydemir, A. and Ateş, A., 2006. Interpretation of Suluklu-Cihanbeyli-Goloren Magnetic Anomaly, Central Anatolia, Turkey: An integration of geophysical data. Physics of the Earth and Planetary Interiors, 159, 167–182.

Bailey, E.B. ve Mc Callien, W.J., 1953. Serpantin lavas, the Ankara mélange and the Anatolian thrust: Trans. Roy. Soc. Edin. LXII, II, 403-442.

Baldwin R.T. and Langel, R., 1993. Tables and maps of the DGRF 1985 and IGRF 1990, International Union of Geodesy and Geophysics Association of Geomagnetism and Aeronomy, IAGA Bulletin, 54, 158.

Baskın, D.K., 1997. Atomic H/C Ratio of Kerogen as an Estimate of Thermal Maturity and Orogenic Matter Corversion. American Association Petroleum Geologist Bulletin, 81(9), 1437-1450.

Bingöl, E., Akyürek. B. ve Korkmazer, B., 1973. Biga Yarımadası'nın Jeolojisi ve Karakaya Formasyonu'nun bazı özellikleri: Cumhuriyetin 50. Yılı Yerbilimleri Kongresi Bildiriler kitabı, MTA Yayınları, s. 70-77.

Birgili, Ş., Yoldaş, R., Ünalan, G., 1975. Çankırı-Çorum Havzası'nın Jeolojisi ve Petrol Olanakları. MTA Derleme Rap. No: 5621 (Yayımlanmamış).

Buchardt, B., F.G. Christiansen, H. Nohr-Hansen, N.H. Larsen, and P. Ostfeldt, 1989. Composition of organic matter in source rocks, in F.G. Christiansen, eds., Petroleum Geology of North Greenland: Gronlands Geologiske U Burwood, R., P. Leplat, B. Mycke and J. Paulet, 1992. Rifted margin source rock deposition: a carbon isotope and biomarker study of a West African Lower Cretaceous "Lacustrine" Section, Organic Geochemistry 19, pp. 41–52.

Busby, J.P., 1987. An interactive Fortran 77 program using GKS graphics for 2.5-D modelling of gravity and magnetic data. Computers and Geosciences, 13 (6), p. 639-644.

Clark, J.P., and Philip, R.P., 1989. Geochemical characterization of evaporite and carbonatedepositional environments and correlation of associated crude oils in the Black Creek basin. *Bull.Can. Pet. Geol*, *37*, 401–416.

Clementz, D.M., Demaison, G.J. and Daly, A.R., 1979. Well site geochemistry by programmed pyrolysis: Paper 3410, 11th Offshore Technology Conference, Houston, April.

Cooper, G.R.J., 1997. Forward modelling of magnetic data. Computers and Geoscienes, Vol. 23, No. 10, p. 1125-1129.

Cooper, G.R.J., 1998. GEOMODEL of Windows 2.5-D Interactive Magnetic and Gravity Data Modelling and Inversion. Version 1-20.

Dellaloğlu A.A., 1974. Detailed geology and petroleum possibilities of the south and southwestern part of the İskilip area. MTA report No. 6132 (in Turkish).

Dellaloğlu, A.A., Tüysüz, O., Kaya, O.H., Harput, B., 1992. Kalecik (Ankara)-Eldivan-Yapraklı (Çankırı)-İskilip (Çorum) ve Devrez Çayı Arasındaki alanın jeolojisi ve petrol olanakları, TPAO Rapor nNo: 3194 (in Turkish, unpublished).

Dickinson, W.R., 1970. Interpretindg detritial modes of graywakes and arkoses. Jour. Sed. Petrology 40: 695-707.

Durand, B. and Oudin, J.L., 1980. Proc. 10th World Petr.Cong., 2, 1-12 p.

Durand B. And Paratte M. 1983. Oil potential of Coals: a geochemical approach. In Petroleum Geochemistry and Exploration of Europe (Edited by Brooks J.), pp. 225-265, Blackwell, Oxford.

Ediger, V.S., ve Soylu, C., 1993. Petrol Jeologları için organik jeokimya. TPAO Araştırma Grubu Eiğitim yayınları, no. 23, 169 s.

Enmark, T., 1981. A versatile interactive computer program for computation and automatic optimization of gravity models. Geoexploration, 19, p. 47-66.

Erdoğan, B., Akay, E., Uğur, M.S., 1996. Geology of the Yozgat Region And Evolution of the Collisional Çankırı Basin. International Geology Review, 38, 788-806.

Espitalié, J., La Porte, J.L., Madec, M., Marquis, F., Le Plat, P., Paulet, J. and Boutefeu, A., 1977. Methodé rapide de caractérisation des roches méres de leur potentiel pétrolier et de leur degré d'évolution: Rev. L'Inst. Francais pétrole, 32(1), 23-42.

Espitalié, J., Deroo, G., ve Marquis, F., 1985. La pyrolyse Rock-Eval et ses applications (deuxiéme partie): Revue Institut Francais du Pétrole, v.40, 755-784 p.4

Fowler, M.G. and A.G. Douglas, 1984. Distribution and structure of hydrocarbons an four organic-rich Ordovician rocks, Organic Geochemistry, v.6, p.105-114.

Görür, N., Şengör, A.M.C., Akkök, R., Yılmaz, Y., 1983. Pontidlerde Neo-Tetisin açılmasına ilişkin sedimantolojik veriler. TJK Bülteni, 36-1, 11-20.

Görür, N., Tüysüz, O., Şengör, A.M.C., 1998. Tectonic evolution of the central Anatolian Basins. Int. Geol. Rev., 40, 831-850.

Gradshteyn, I.S. and Ryzhik, I.M., 1965. Table of integrals, series and products : New York, McGraw-Hill, 584 p.

Grantham, P.J., 1986. Sterane Isomeration and Moretane/Hopane Ratios in Crude Oils derived from Tertiary Source Rocks. Organic Geochemistry, 9, 293-304.

Gruber, W. and Sachsenhofer, R.F., 1991. Coal deposition in the Noric Depression (Eastern Alps): raised and low-lying mires in Miocene pull-apart basin. Int. Jour. Of Coal Geol., 48, 89–114.

Gündoğan, İ., Helvacı, C., 2001. Sedimentological and petrographical aspects of Upper Miocene evaporites in Beypazarı and Çankırı-Çorum Basins, Turkey, International Geology Reviews, v. 43, p. 818-829.

Hanson, A.D., Zhang, C., Moldowan, J.M., Liang, D.G., Zhang, B.M., 2000. Molecular organic geochemistry of the Tarim Basin, Northwest China. AAPG Bull., 84, pp. 1109–1128.

Harput, B., Ünalan, G., 1983. Çankırı Havzası'nın Batı Kenarına İlişkin Üst Kretase-Alt Tersiyer Yaşlı Çökellerde Kaynak Kaya İncelemeleri. Türkiye Jeoloji Kurumu Bülteni 26(2), 177-186.

Harput, O.B., Gürgey, K., 1992. Organik Geochemical Assesments of the Surface Samples of the Çankırı Basin And Rock-Gas Samples of the Topuzsaray-1 well. TPAO Report No: 3089, 80 pp., (in Turkish).

Holba, A.G., Ellis, L., Dzou, L.I., Hallam, A., Masterson,W.D., Francu, J., Fincannon, A.L., 2001. Extended tricyclic terpanes as age discriminators between Triassic, Early Jurassic, and Middle-Late Jurassic oils. In: Abstract Book, 20th International Meeting on Organic Geochemistry: Volume 1, Nancy, 10–14 September 2001, EAOG, p. 464. H. Volk et al. / Organic Geochemistry 36 (2005) 29–51 49.

Huizinga, B.J., Aizenshtat, Z.A. and Peters, K.E., 1988. Programmed pyrolysis-gas chromatography of artificialy matured Green River kerogen: Journal of Energy and Fuels, v.74, 74-81 p.

Hunt, J.M., 1993. Organic Geochemistry and Geology, 743 p.

Hunt, J.M., 1995. Organik Geochemistry and Geology: Freeman and Company, New York, 743 p.

Huvaz, Ö., 2009. Comparative petroleum systems analysis of the interior basins of Turkey: Implications for petroleum potential. Marine and Petroleum Geology 26 (2009) 1656–1676.

İlleez, H.İ., Tekin, T., 2003. Source Rock Kağnıcı Oil Seep Correlation of the Samples Collected from the Çankırı-Çorum Area. TPAO Report No: 4520, 26 pp., (in Turkish).

Jackson, K.S., Hawkins, P.J., Bennett, A.J.R., 1985. Regional facies and geochemical evolution of Southern Denison Ttough. APEA Journ., 20, 143-158.

Jones, R.W., 1987. Organic Facies: In Advances in petroleum geochemistry, V.2, (Ed. Brooks, J., and Welte, D.H.), 1-91.

Kalcon, I. and Sachsenhofer, R.F., 1999. Petrography, palynology and depositional environments of the Early Miocene Oberdorf lignite seam (Styrian Basin, Austria). Int. Jour. Of Coal Geol., 41, 275–308.

Karadenizli, L., Seyitoğlu, G., Saraç, G., Kazancı, N., Şen, Ş., Hakyemez, Y., Savaşçı, D., 2003. Çankırı-Çorum Havzası Batı Kenarının Erken-Orta Miyosen Paleocoğrafik Evrimi. MTA Dergisi 126, 69-86.

Karadenizli, L., Saraç, G., Şen, Ş., Seyitoğlu, G., Antonie, P.O., Kazancı, N., Varol, B., Alçiçek, C., Gül, A., Ertan, H., Esat, K., Özcan, F., Savaşçı, D., Antonie, A., Filoreau, X., Hervet, S., Bouxrain, G., Bonis, L., Hakyemez, Y., 2004. Çankırı-Çorum Havzası'nın Batı ve Güney Kesiminin Memeli Fosillerine Dayalı Oligo-

Miyosen Biyostratigrafisi ve Dolgulanma Modeli. MTA Derleme Rap. No: 10706 (Yayımlanmamış).

Katz, B.J., 1995. The Green River Shale: an Eocene Carbonate Lacustrine Source Rock in B.J. Katz (ed.)., "Petroleum Source Rocks" Springer-Verlag, 324 p.

Kaymakçı, N., 2000. Tectono-Stratigraphical Evolution of Çankırı Basin (Central Anatolia, Turkey), PhD Thesis, University Utrecht. Geologia Ultraiectina No: 190, 247 p.

Kaymakçı, N., Özçelik, Y., White, S.H., Van Dijk, P.M., 2001. Neogene tectonic development of the Çankırı Başin (Central Anatolia, Turkey). TPJD bülteni, 13, 27-56.

Kaymakçı, N., Özmutlu, Ş., Van Dijk, P.M., Özçelik, Y., 2009. Surface and Subşurface Characterişticş of the Çankırı Başin (Central Anatolia, Turkey): Integration of Remote Senşing, Seişmic Interpretation and Gravity. Turkişh Journal of Earth Scienceş pp.1.

Ketin, İ., 1996. Anadolu'nun tektonik birlikleri, MTA dergisi, 66, 20-34

Koçyiğit, A. and Lünel, A.T., 1987. Geology and tectonic setting of Alcı area. METU Jour. of Pure and Applied Sciences, 2011, 35-59.

Koçyiğit, A., 1991 (a). An Example of an Accretionary Forearc Basin from North Central Anatolia And Its Implications for the History of Subduction of Neotethys in Turkey. Geol. Soc. Am. Bull.103, 22-38.

Koçyiğit, A., Türkmenoğlu, A., Beyhan, A., Kaymakçı, N., Akyol, E.,1995. Post Collisional Tectonics of Eskişehir-Ankara-Çankırı Segments of İzmir-Ankara-Erzincan Suture Zone; Ankara Orogenic Phase. Turkish Assocation of Petroleum Geologist Bulletin, 6, 77-83.

Korkmaz, S., Gedik, A., Pelin, S., 1991. Türkiye'deki Bazı Tortul Havzalara Petrol Potansiyeli Açısından Bir Bakış. Jeoloji Mühendisliği, 39, 5-14.

Kurtuluş, C., 2002. Sismik Arama, Teori ve Uygulama. Kocaeli Üniversitesi Yayınları, Yayın No: 55., 360 sf., İzmit.

Kvenvolden, K.A. and Simoneit, B.R.T., 1990. Hydrothermally derived petroleum examples from Guaymas Basin, Gulf of California, and Escanaba Trough, northeast Pacific Ocean, AAPG Bull., 74, 223-237.

Lafarque, E., Marquis, F., Pilot, D., 1998. Rock-Eval 6 applications in hydrocarbon exploration, Production, and soil contamination studies. Revue De L'Institut Français Du Petrole, 53, 4.

Langford, F.F. and Blanc-Valleron, M.M., 1990. Interpreting Rock-Eval pyrolysis data using graphs of pyrolizable hydrocarbons vs. total organic carbon. AAPG Bull., 74, 799–804.

Mackenzie, A.S., Patience, R.L., Maxwell, J.R., Vadkenbroucke, M., Durand, B., 1980. Molecular parameters of maturation in the Toarcian Shales, Paris Basin-1. Changes in the Configurations of Cyclic Isoprenoid Alkanes and Triterpanes. Geochimica Cosmochimica Acta 44, 1709-1721.

Mann, U., and Stein, R., 1997. Organic facies variations, Source rock potential, and sea level changes in Cretaceous Black shales of the Quebrada Ocal, Upper Magdelena Valley, Colombia: AAPG Bull., v.81, n.4, 556-576 p.

Matsumoto, G., T. Torii, and T. Hanya, 1982. High abundance of algal 24-2thylcholesterol in Antartic lake sediment, Nature, v.229, p.52-54.

Mello, M.R., Gaglıanone, P.C., Brassell, S.C. and Maxwell, J. R., 1988. Geochemical and biological marker assessment of depositional environments using Brazilian offshore oils. *Marine and Petroleum Geology*, 5, 205-233.

Moldowan, J.M., Seifert, W.K., Gallegos, E.J., 1985. Relationship between petroleum composition and depositional environment of petroleum source rocks. Am. Assoc. Pet. Geol. Bull. 69, 1255–1268.

Mukhopadhyay, P.K., Wade, J.A., ve Kruge, M.A., 1995. Organic facies and maturation of Jurassic/Cretaceous rocks, and possible oil-source rock correlation based on pyrolysis of asphaltenes: Scotian Basin, Canada, Org. Geoch., 22 (1), 85-104 p.

Nichols, P.D., Palmisano, A.C., Rayner, M.S., Smith, G.A. and White, D.C., 1990. Occurrence of novel $C_{30}$ sterols in Antaric sea-ice diatom communities during a spring bloom, Organic Geochemistry, 15, pp. 503–508.

Norman, T., 1972. Ankara Yahşıman bölgesinde Üst Kretase-Alt Tersiyer istifinin stratigrafisi. Türkiye Jeoloji Kurumu Bülteni, 15, 180-276.

Özçelik, Y., Savun, C., 1993. Geology And Petroleum Potential of the İskilip-Osmancık-Çorum-Sungurlu Regions. TPAO Report No: 3290 (in Turkish).

Özçelik, Y., 1994. Tectono-Stratigraphy of the Laçin Area (Çorum-Turkey). M.S.C. Thesis, Middle East Technical Univ. Dept. of Geol. Eng. 133 pp. (Unpublished).

Özçelik, Y., Öztaş, Y., 2000. Çankırı Baseni'nin Jeolojisi ve Petrol Olanakları, TPAO Derleme Rap: 4150, 86.

Özkaya I., 1982. Marginal basins ophiolites at Oramar and Karadag , SE, Turkey: J. Geol., 90, 269-278.

Peters, K.E., 1986. Guidelines for evaluating petroleum source rock using programmed pyrolysis, AAPG Bull, 70, 318-329 p.

Peters, K.E. and J.M. Moldowan., 1993. The Biomarker Guide: Interpreting Molecular Fossils in Petroleum and Ancient Sediments. Prenctile-Hall. Englewood Cliffs. NJ.

Peters, K.E., ve Cassa, M.R., 1994. Applied source rock geochemistry. In L.B., Magoon and W.G. Dow (eds.), The petroleum system-from source to trap: AAPG Memoir 60, Tulsa, AAPG, 93-120 p.

Peters, K.E., Walters, J.M., Moldowan, J.M., 2005. The Biomarker Guide Vol. 2: Biomarkers and Isotopes in the Petroleum Exploration and Earth History. Cambridge University Press, pp. 475–1155.

Piper, J.D.A., Moorc, J., Tatar, O., Gursoy, H., Park, R.G., 1996. Paleomagnetic study of crustal deformation across an intracontinental transform: the North Anatolian Fault Zone in Northern Turkey. In: Morris, A. and Tarling, D.H. (eds), Paleomagnetism of the Eastern Mediterranean Regions: Spec. Publ. Geol. Soc. London, 105,pp. 299-310.

Platzman, E.S., Platt, J.P., Tapırdamaz, C., Sanver, M., and Bundle, C.C.,1994, Why are there no clockkwise rotations along the North Anatolian Fault: J. Geophys. Res.99, pp. 21.705-21.716.

Polat, A., 1988. Büyük Polat-Yarımsöğüt (Sungurlu-Çorum) Yöresinde Paleotektonik ve Neotektonik Geçiş Döneminin İzleri ve Erbaa Fay Zonunun Oluşumu. TPJD Bülteni, 127-140.

Rasmussen, R. and Pedersen, L.B., 1979. End corrections in potential field modelling. Geophysical Prospecting, 27, 749-760.

Rullkötter, J., P.A. Meyers, R.G. Schaefer, and K.W. Dunham, 1986. Oil generation in the Michigan Basin : a biological marker and carbon isotope approach, in D.

Leythaeuser and J. Rullkötter, eds., Advances in Organic Geochemistry 1985: Oxford, Pergamon Press, p. 359-376.

Sander, B.K. and Cawthorn, R.G., 1996. 2.5-D gravity model of the Ni-Cu-PGM mineralized Mount Ayliff Intrusion (Insizwa Complex) South Africa. Journal of Applied Geophysics, 35, p. 27-43.

Seifert, W.K. and Moldowan, J.M., 1981. Paleoconstruction by Biological Markers. Geochimica Cosmochimica Acta, 45, 783-794.

Seifert, W.K. and Moldowan, J.M., 1986. Use of Biological Markers in Petroleum Exploration. In: Methods in Geochemistry and Geophysics (P.B.Johns, ed.), 24, 261-290.

Seyitoğlu, G., Karakuş, K., Fodor, L., Araz, H., Karadenizli, L., 1997. Does Continuous Compressive Tectonic Regime Exist During Late Palaeogene to Late Neogene in NW Central Anatolia, Turkey? Preliminary Observations. Turkish Journal of Earth Sciences, 6, 77-83.

Seyitoğlu, G., Kazancı, N., Karadenizli, L., Şen, Ş., Varol, B., Karabıyıkoğlu, T., 2000. Rockfall Avalance Deposits Associated with Normal Faulting in the NW of Çankırı Basin; Implications fort the Postcolliosional Tectonic Evolution of the Neo-Tethyan Suture Zone. Terra Nova, 12, 245-251.

Shuey, R.T. and Pasquale A.S., 1973. End Corrections in Magnetic Profile Interpretation. Geophysics, 38, 507-512.

Sinninghe DamsteÂ , J. S., van Duin, A. C. T., Hollander, D., Kohnen, M. E. L. and de Leeuw, J. W. 1995. Early diagenesis of bacteriohopanepolyol derivatives: formation of fossil homohopanoids. Geochimica et Cosmochimica Acta 59, 5141-5155.

Spiro, B., 1984. Effects of the Mineral Matrix on the Distribution of Geochimical Markers in Thermally Affected Sedimantary Sequences, Organic Geochemistry, 6, 543-559.

Şenalp, M., 1974. Çankırı-Çorum Havzası'nın Sungurlu bölgesindeki karasal çökellerin sedimantolojisi, TJK Bülteni, 24 (1); 65-74.

Şenalp, M., 1981. Çankırı-Çorum Havzası'nın Sungurlu Bölgesindeki karasal formasyonların sedimantolojik incelenmesi, TPJD Bülteni, 65-14.

Şengör, A.M.C And Yılmaz, Y., 1981. Tethyan Evolution of Turkey. A plate Tectonic Approach. Tectonophysics, 75, 181-241.

Şengüler, İ., 2007. Orta-Şabanözü (Çankırı) Yöresinin Jeolojisi ve Kömür Potansiyeli, Jeoloji Mühendisliği Dergisi 31 (1).

Talwani, M., 1965. Computation with the help of a digital computer of magnetic anomalies caused by bodies of arbitrary shape. Geophysics, 30, 797-817.

Talwani, M., Worzel, J.L. and Landisman, M., 1959. Rapid gravity computations for two-dimensional bodies with application to the Mendocino submarine fracture zone. Journal of Geophysical Research, 64 (1), 49-59.

Talwani, M. and Heirtzler, J.R., 1964. Computation of magnetic anomalies caused by two-dimensional structures of arbitrary shape. Computers in the mineral industries, Part 1, Stanford University Publications, Geological Sciences, 9, p. 464-480.

Tanrıverdi, K., 1974. Çankırı-Çorum Havzası Sulakyurt güneyi ile Balışeyh kuzeyi arasında kalan yörelerin jeolojisi ve petrol olanakları M.T.A Raporu No: 5916.

Taymaz, T., Wright, J., Yolsal, S., Tan, O., Fielding, E. and Seyitoğlu, G., 2007. Source characteristics of the 6 June 2000 Orta–Çankırı (central Turkey) earthquake: a

synthesis of seismological, geological and geodetic (InSAR) observations, and internal deformation of the Anatolian plate, Geological Society, London, Special Publications, 291, 259–290 (DOI: 10.1144/SP291.12).
Teichmüller, M., Durand, B., 1983. Fluoresence Microscopical Rank Studies on Liptinites and Vitrinites in Peat and Coals, and Comparison with Results of the Rock Eval Pyrolysis. Int. Jour. of Coal Geol., 2, 197-203.
Ten Haven, H.L., de Leeuw, J.W., Sinninghe-Damste, J.S., Schenck, P.A., Palmer, S.E. & Zumberge, J. (1988). Application of biological markers in the recognition of palaeo-hypersaline environments. In: Lacustrine Petroleum Source Rocks. Geol. Soc. Sp. Publ. No. 40 , Blackwell Scientific Publications pp. 123-130.
Tissot, B., Durand, J., Espitalie, J., and Combaz, A., 1974. Influence of nature and diagenesis of organic matter in formation of petroleum: AAPG Bull., v.58, 499-506 p.
Tissot, B. and Welte, D.H., 1978. Petroleum formation and occurence: Springer-Verlag, 538 s, New York.
Tissot, B.P., Welte, D.H., 1984. Petroleum Formation and Occurrence: Springer-Verlag, Berlin, pp. 629.
Tokatlı, K., Demirel, İ.H., Karayiğit, A.İ., 2006. Burial History And Thermal Maturity Assesment of Upper Cretaceous-Lower Tertiary Formations the Çankırı Basin, Turkey. International Journal of Coal Geology 66, 35-52.
Toprak, S., 1996. Alpagut-Dodurga (Osmancık-Çorum) Bölgesi çevresindeki kömürlerin oluşum ortamları ve özelliklerinin belirlenmesi: Hacettepe Üniversitesi Doktora Tezi.
Tüysüz, O., Yiğitbaş, E., Serdar, H.S., 1989. Orta Pontidlerin Güney Kesiminin Jeolojisi. TPAO Rap. No: 2596, 291.
Tüysüz, O., Dellaloğlu, A.A., 1992. Çankırı Havzası'nın Tektonik Birlikleri ve Jeolojik Evrimi. Türkiye 9. Petrol Kongresi Jeoloji Bildirileri, 333-349.
Tüysüz, O., Dellaloğlu, A.A., 1994. Orta Anadolu'da Çankırı Havzası ve Çevresinin Erken Tersiyer'deki Paleocoğrafik Evrimi. Türkiye 10. Petrol Kongresi ve Sergisi Bildirileri 57-76.
Tüysüz, O., Dellaloğlu, A.A., Terzioğlu, N., 1995. A Magmatic Belt within the Neo-Tethyan Suture Zone And Its role in the Tectonic Evolution of Northern Turkey. Tectonophysics, 243, 173-191.
Üşenmez, Ş., 1974. Çandır (Kalecik) civarının jeolojisi. MTA. Derg., No. 83. Ankara.
Ünalan, G., 1982. Kalecik-Tüney-Sulakyurt (Ankara) arasındaki bölgenin petrol olanaklarının araştırılması: Doçentlik tezi, tÜ-F.F, 88s, Yayınlanmamış.
Ünalan, G., Harput, B., 1983. İnvestigation of the source rock within Upper Cretaceous and Lower Tertiary deposits at the Western magrin of the Çankırı Basin (Central Turkey): TJK Bült., 26/2, 177-186.
Varol, B., Araz, H., Karadenizli, L., Kazancı, N., Seyitoğlu, G., Şen, Ş., 2002. Sedimentology And Paleogeography of Miocene Evaporitic Succession in the North of Çankırı-Çorum Basin, Central Anatolia, Turkey. Carbonats And Evaporites, 17(2), 197-209.
Volkman, J.K., Alexander, R., Kagi, R.I., Noble, R.A., Woodhouse, G.W., 1983. A geochemical reconstruction of oil generation in the Barrow sub-basin of Western Australia. Geochimica et Cosmochimica Acta 47, 2091–2106.
Volkman, J.K., 1986. A review of sterol biomarkers form arine and terrigenous organic matter, Organic Geoch., v.9, p.83-99.

Volkman, J.K., 1988. Biological marker compounds as indicators of the depositional environments of petroleum sorce rocks, in A.I. Fleet, K. Kelts, and M.R. Talbot, eds., Lacustrine Petroleum Source Rocks : Oxford, Blackwell, p. 103-122.
Waples, D.W., 1985, Geochemistry in Petroleum Exploration, D. Reidel Publ. Comp., Boston, p.223.
Waples, D.W., Machihara, T., 1991. Biomarkers for geologists—a practical guide to the application of steranes and triterpanes in petroleum geology. AAPG 9, 91.
Wilkins R.W.T and George G.C. 2002. 'Coal as a source rock for oil: a review', International Journal of Coal Geology, 50, pp 317-361.
Yılmaz, Y. ve Tüysüz, O., 1984. Kastamonu-Boyabat-Vezirköprü-Tosya arasındaki bölgenin jeolojisi (Ilgaz-Kargı masifinin etüdü): MTA Rap., 7838 (Yayınlanmamış), Ankara.
Yoldaş, R., 1982. Geology of the Tosya (Kastamonu) And Bayat (Çorum) Regions. Ph.D. Thesis, İstanbul Univ. Faculty of Science, Division of General Geology (in Turkish), 311 p.

MIX

Papier | Fördert gute Waldnutzung

FSC® C083411

Kolibri 360 GmbH
Ferdinand-Jühlke-Straße 7
99095 Erfurt, Deutschland
produktsicherheit@kolibri360.de

Druck:
CPI Druckdienstleistungen GmbH
im Auftrag der
Kolibri 360 GmbH
Ferdinand-Jühlke-Str. 7
99095 Erfurt